青少年美绘版书库

探秘天下

中国孩子最想知道的海洋悬疑

崔钟雷 主编

山东人民出版社
国家一级出版社 全国百佳图书出版单位

浙江人民出版社
ZHEJIANG PEOPLE'S PUBLISHING HOUSE

图书在版编目(CIP)数据

中国孩子最想知道的海洋悬疑 / 崔钟雷编. -- 杭州：浙江人民出版社，2013.5（2016.3 重印）
（青少年美绘版书库. 探秘天下）
ISBN 978-7-213-05470-9

Ⅰ.①中… Ⅱ.①崔… Ⅲ.①海洋–青年读物②海洋–少年读物 Ⅳ.①P72-49

中国版本图书馆 CIP 数据核字（2013）第 085107 号

青少年美绘版书库·探秘天下
中国孩子最想知道的
海洋悬疑

书　　名	中国孩子最想知道的海洋悬疑
策　　划	钟雷
主　　编	崔钟雷
副 主 编	王丽萍　刘志远　黄春凯
出版发行	山东人民出版社　浙江人民出版社
	杭州市体育场路 347 号
	市场部电话：（0571）85061682　85176516
责任编辑	毛江良
责任校对	张彦能
装帧设计	稻草人工作室
印　　刷	莱芜市新华印刷有限公司
开　　本	787 毫米 ×1092 毫米　1/16
印　　张	12
字　　数	16 万
版　　次	2013 年 5 月第 1 版·2016 年 3 月第 3 次印刷
书　　号	ISBN 978-7-213-05470-9
定　　价	19.80 元

如发现印装质量问题，影响阅读，请与市场部联系调换。

前言

从宇宙的诞生到生命的演化，变化时刻都在发生；从原始蒙昧到现代文明，艰辛的探索从未中断；从日新月异的现在到遥远的未来，未知不会穷尽，探秘也不会停止。

诺亚方舟真的存在过吗？玛雅人的预言会成为现实吗？"泰坦尼克"号的沉没真的和诅咒有关吗？掩卷静思，我们审视人类在发展的历史中留下的无数谜团。生命进化的历程是怎样的？宇宙中还有另外一个"地球"吗？庞大的恐龙家族因何突然消逝？求知解惑，我们感叹大自然的鬼斧神工。

从人类的混沌初开到科技发达的今天，在历史的尘埃与文明的烟云中，究竟藏着几多悬案？这秘密王国的大门等着我们来打开。少年智则国智，少年强则国强。在这飞速发展的年代，世界成为科技的盛宴，让我们撷取最想知道的科普知识，让科学精神引领我们创新、探究出美好未来。

探秘是一种生活，是一种文化，它改变过世界，也将改变未来。这套"探秘天下"丛书融知识性与趣味性于一体，图文并茂、精心编排，能让我们在乐趣盎然的阅读中拨开未知王国的迷雾，增长新知。希望这套丛书能实现编者的最大心愿：唤醒书中神秘现象的灵魂，赋予其生命，使其闪耀出智慧的光芒！

编 者

目录 CONTENTS

第一章 认识海洋

- 2 海洋的形成
- 5 海洋的发展历程
- 15 海水
- 21 海浪与潮汐
- 31 海洋气候
- 38 美丽的海岛

第二章 海洋世界

- 46 无边无际的北冰洋
- 47 辽阔的太平洋
- 50 广袤的印度洋
- 53 浩瀚的大西洋

第三章
海洋生态

- 56 海洋生态环境
- 58 独特的海洋动物
- 60 海洋中的鱼类
- 66 有趣的海鸟
- 71 形形色色的海洋植物

第四章
海洋资源

- 78 丰富的油气资源
- 85 种类繁多的海洋矿产资源
- 95 最大的淡水库

第五章
海洋之谜

- 100 古地中海之谜
- 103 海上沉船新说
- 106 淹没的城市之谜
- 108 神秘的海山
- 113 神秘的"美人鱼"
- 119 海豚救人之谜
- 123 海洋巨蟒之谜
- 129 纳米比亚鱼类集体"自杀"之谜
- 134 神秘的"海底人类"
- 136 失落的海洋文明
- 138 远古蛤蜊长寿之谜新解
- 140 海洋中的神秘地带
- 148 寒武纪生命"大爆炸"之谜
- 154 神奇的海豆芽之谜
- 158 里海"怪兽"
- 166 龙虾"长征"之谜
- 170 寄居蟹与沙蚕共生的奥秘
- 172 鱼类趋光现象之谜
- 175 海洋巨蜥之谜
- 180 海水为何"粘"船

第一章 认识海洋

　　蔚蓝色的大海,漫无边际。在遥远的蛮荒时期,大海曾是生命的摇篮,孕育了地球上最初的生命,它是人类的资源宝库和生命发源地。

探秘天下

海洋的形成

地球通常被称为"蓝色的星球",这是因为地球表面的2/3都被海水覆盖。当太阳光照射到平静的海面上时,海水就会反射出蓝色的光,所以我们看到的海洋是蓝色的。我们今天所看到的海洋,其形成历程复杂而奇妙。从太空中遥望,地球确实就是一颗"蓝色的星球"。

孕育生命

海洋孕育了地球上最原始的生命,如今,地球上97%的水都存在于海洋中,海洋有约20万种生物资源,其中已知鱼类就有1.9万种,而现今成为人类捕捞对象的不过200多种。

海洋的诞生

原来地球上没有水,更没有海洋。由于原始地球体积收缩和内部放射性元素衰变产生热量,地球内部温度逐渐升高,不断产生水汽,此时绝大部分是以岩石中结晶水的形式存在于地球内部。这些高温水汽随着地球的演化,如岩浆活动或火山爆发等,又跑到地球的外部,变成气态水,出现在大气中,而后逐渐冷却,凝结成降水,来到了地球表面,汇聚在地表低洼地带,形成了原始的海洋。

由于当时地球上的大气不多,它能容纳的水汽就更少了。所以,海水水量的增多应该还有一个逐步积累的过程。据估计,原始海洋中的水约为目前海水的

探秘天下

1%。无疑,现在地球上那么多的海水,是经过十几甚至几十亿年的逐步累积而成的。

海与洋的区别

海洋是海和洋的总称。洋是海洋的中心部分,也是海洋的主体;海是海洋的边缘附属部分。洋远离大陆,深度大、面积广;海则靠近大陆,深度浅、面积小。

海洋的发展历程

地质年代的划分主要使用6种时间单位,它们被用来表示地球漫长的历史,分别为宙、代、纪、世、期、阶。

未知的海洋

到目前为止,人类对海洋的认识还是十分有限的,浩瀚的海洋犹如一座知识宝库,而人类只了解了其中约5%的知识。

古生代

大约在5.4亿年以前,地球进入古生代。这时,海洋仍占绝对优势,直到古生代晚期,发生了规模巨大的地壳运动,陆地面积进一步扩大,形成南北互相连接的联合古陆。根据地下的岩石和化石来看,那时的海洋温度为20℃~40℃,海水的化学成分和

多种多样的生命形态

浩瀚的海洋中有形式多样而又数量众多的生物物种。从2000年开始,来自53个国家和地区的300多位科学家着手进行一项海洋生物普查的计划,平均每个星期都会有3个新的海洋物种被发现。

含盐量与现代海洋非常相似；此外，大气中的氧气含量不断上升，这些都为原始生命的形成创造了理想的条件。

探秘天下

生物多样性

寒武纪是古生代的开端，这是一个以生物演化和海洋生物多样性为标志的时期。在早古生代（距今5.4亿~4.1亿年），三叶虫为代表的海生无脊椎动物空前繁盛；在晚古生代（距今4.1亿~2.5亿年），出现了鱼类，并且日趋繁盛。接着，鱼类逐步向两栖类演化。早古生代的植物以海生藻类为主，晚古生代则形成以蕨类植物为代表的陆生植物群。

洋流

海洋表层的海水，常常稳定地沿着一定方向作大规模的流动，叫做洋流，又叫海流。

洋流形成的原因是多方面的。首先，大气运动和近地风常是海洋水体运动的主要动力，这种洋流叫风海流；其次，各个海域的水温、盐度不同，导致海水密度分布不均，引起的洋流叫密度流。

中生代

约在 2.51 亿~0.65 亿年前,地球进入了中生代时期。这一时期的板块运动剧烈而频繁,由于板块运动,联合古陆分裂、漂移,逐渐接近现代海陆分布的总格局。这一时期爬行动物高度发展,尤以恐龙占优势。中生代晚期出现了始祖鸟,爬行动物的一支开始向鸟类发展。裸子植物繁盛,成为当时主要的造煤植物,所以中生代是重要的造煤时代。

特提斯海

和魏格纳提出的地球上曾只有一个原始大陆即联合古陆不同,1937年,杜托特提出,约两亿年前地球存在两个古陆——北部的劳亚古陆和南部的冈瓦纳古陆。在两块古陆之间,隔着一条沿赤道分布的狭长水道——特提斯海。在特提斯海水道的

水流中，出现了一个在整个泛大洋中输送热量的、巨大的、全球性的洋流，为原始生命的演化创造了条件。后来，两块古陆相连接，特提斯海趋于闭合，东段消失，西段形成地中海、黑海、里海。同时，古大西洋和古印度洋形成，而日渐上升的海平面再一次淹没了陆地，形成了大片的浅海区域，这一切使地球的气候逐渐温暖起来。

古大陆

古大陆的隆起将泛大洋分割成多个面积不等的部分，同时也塑造了地球上多样的气候环境，这为生物的进化提供了理想的地理环境。

新生代

　　中生代过去后，从 6500 万年前至今的这一段时期被称为新生代。与古生代和中生代相比，新生代有它更为显著的特点：这时适于生命发展的条件已经具备，对抗和适应正在变化的环境成为生物进化过程中的关键。在海底和陆地上形成的高耸的山脉，永久性地改变了地球的气候。海水的温度和环流都发生了很大变化，这影响着地球和地球上生命的分布。大约在第四纪初期，古代猿类的一支开始向人类方向发展，地球的历史进入了新阶段。

海洋的形成

新生代之前的海洋发生了很大变化。早期的南大西洋位于非洲和南美大陆之间，狭窄的北大西洋正在欧洲和北美大陆之间形成；而曾和南极洲相连的澳洲大陆已经分离出来，并慢慢向北移动；同时，印度板块已与非洲大陆分离，并向北缓缓迁移，很

探秘天下

快与亚洲大陆相撞。新生代早期，大陆位置的不断变化和海盆的扩张对古代的海洋环境影响颇深，甚至对整个地球都产生了影响。地球在中生代时期逐渐成为一个遍布海洋的蓝色星球。

海水

　　海水是名副其实的液体矿藏,大量利用海水成为人类解决淡水短缺的重要途径;海水中已发现 80 多种化学元素,目前已形成工业规模的主要有食盐、镁等;海洋生物资源丰富,以海洋渔业为主;海底矿产资源以开发油气资源为主。

海水的颜色

　　人们看到的海水一般是蓝绿色的,这同天空是蓝色的道理一样:当太阳光照到海面上时,阳光中的红色、橙色和黄色光很快被海水吸收,而蓝色和紫色光由于波长较

海洋淡化

　　海洋是地球上最大的水资源宝库,随着生态环境的恶化,人类解决淡水危机的最后途径很有可能就是将海水淡化。

探秘天下

短,虽然有一部分被海水吸收,但是大部分一遇到海水的阻挡就纷纷散射到周围去了,或者干脆被反射回来了。我们看到的就是这个部分被散射或反射出来的光。海水越深,被散射和反射的蓝光就越多,因此海水看上去多呈蓝色或绿色。

水循环

海水是陆地上淡水的最主要来源,全球海洋每年蒸发总量达45万立方千米,其中大约90%在海洋上空直接以降水的形式返回海洋,只有10%变为雨雪落在陆地上,然后顺河流又返回海洋。

海水的味道

在海洋形成后的很长一段时期内,海水是没有咸味的。而今天的海水之所以苦涩,是因为在数亿年的发展演变中,陆地岩石里的盐和可溶性物质不断被雨水溶解,并随雨水流入海洋中,而海底火山的喷发,又为海水提供了

探秘天下

大量的氧化物和碳酸盐等物质。在双重力量的作用下,经过数亿年的海水溶解和海流搬运,整个海洋就由淡而无味逐渐变为咸而苦涩了。

含盐量

据测算,全球海水的含盐总量约为5亿亿吨,这里所说的盐是化学概念中的盐,包含氯化钠、硫酸钙、氯化钾等物质,其中氯化钠,也就是食盐的含量约占海水含盐总量的80%。

大气圈中的水循环

大气圈中的水循环在水的大循环中占有非常重要的地位。水从海洋中蒸发成为气体,以气团形式被带到高空,它构成了大气中水分的主要来源。条件成熟时,大气中的水汽又形成雨、雪(冰雹)等降落下来,然后又以河流、湖泊等地表水或地下水的方式返回到海洋之中。人们在不断的调查中发现,非洲撒哈拉沙漠下有一个"化石"水层,它从最后一次冰期起就一直积储在那里。这古老的"化石"水层在千万年的时光中,一直在向海洋方向缓慢地移动。

海水的压力与温度

海水压力指的是一定高度的海水柱给予其底部1平方厘米面积上的力。那么海水的压力与海水的深度有什么关系呢？通过物理学上的计算可以得知，海水深度每增加10米，压力便会增加约一个大气压。

海水温度是反映海水热状况的一个物理量，通常用摄氏度（℃）表示。低纬度海区水温高，高纬度海区水温低，高低之差可达30℃。海水的水温一般随深度的增加而降低，海洋1000米深处的水温为4℃~5℃，2 000米处为2℃~3℃，3 000米深处为1℃~2℃。

海浪与潮汐

海水处于无休止的运动中。到过海边的人都会看到,海水总是摇动激荡着。从表面看,大海的运动仿佛是混乱无序的,但实际上,这种运动是很有规律的。海水的主要运动方式分为周期性的振动和非周期性的移动两种。周期性的振动形成了海水的波动,即海浪和潮汐。

蕴藏能源

海水的运动对于人类来说蕴藏着总量巨大的能源,在物理学中,动能的转化是一门很易懂的学问,当然人类也有可能将海水的动能转化成电能或其他能源,但海洋面积广大,如何全面而合理地开发,才是人类真正面临的难题。

探秘天下

海浪

海洋渔业、海上运输及海岸工程等都受海浪的影响，所以人们特别注意对海浪规律的研究工作，以便于更好地利用它。那么，海浪是怎样形成的呢？风吹过海面时，会对局部海区产生作用力，使得海面变形，出现海浪。如果海风持续不断，海面上就会形成多个浪波，最后就形成大海浪。

海浪高度

海浪是一种很常见的海水波动，一般海浪的高度为几厘米至20米，罕见的大浪高度可能会超过30米。

海浪的缔造者——风

风在刮过海面时,会把能量传递给海水。当接收到来自风的动能后,海面开始产生运动,形成了微波。当微波出现后,原本平静的海面发生了起伏,海面变得"粗糙",加大了海面的摩擦力,这为风继续推动海水运动提供了有利条件。但是,无论遇到多大的风,小水池里也起不了惊涛骇浪;同样,即使在广阔的海上,短暂的大风也不会形成大海浪,海浪的大小不仅与风力大小有关,还与风速、风区海域的大小有关。

海浪的能量

海浪发生时所产生的巨大动能令人吃惊:在1米长的波峰片上竟具有3120千瓦的能量,由此可以想象,整个海洋的海浪加起来会有多么惊人的能量。人们通过计算得出:全球海洋的海浪可产生700亿千瓦的能量,可供开发利用的为20亿~30亿千瓦。目前,大型海浪发电装置还处在研究实验阶段,但小型的海浪发电装置已经投入实际应用。

风暴潮

风暴潮是一种灾害性的天气，主要是由气象因素引起的，所以又被称作气象海啸。当海上形成台风时，局部海面水位陡然增高，如此时恰好与潮汐的大潮叠加在一起时，就会形成超高水位的大浪。如果此时再遇上特殊地形等，那么冲向海岸的海浪就可能给在沿岸生活的人们带来巨大的损失。

探秘天下

海啸

海啸的发生往往伴随海底地震或海底火山爆发，它是海水产生的一种巨大的波浪运动。海啸会使海水水位突然上升，形成巨大的海浪，然后，水波以极快的速度从震源传播出去。当巨浪冲上海岸时，就会泛滥成灾，给人民的生命财产造成极大的威胁。由于海啸出现得非常突然，因此它造成的破坏也异常巨大。

潮汐

海水的涨落很有规律，一般为每天两次，即白天一次，晚上一次。为了便于区分，人们把白天海水的涨落叫做潮，将晚上海水的涨落叫做汐。

潮汐形成的原因

潮汐形成的原因来自两个方面：一是太阳和月球对地球表面海水的吸引力，人们称其为引潮力；二是地球自转产生的离心力。由于太阳离地球太远，所以常见潮汐的引潮力主要来自于月球。大家知道，月球不停地绕地球旋转，当地球某处海面距月球越近时，月球对它产生的吸引力也就越大。在月球绕地球旋转时，它们之间就会构成一个旋转系统，有一个旋转重心。这个重心的位置并不是一成不变的，它会随着月球的运转和地球的自转而在地球内部不断变换，但始终偏向月球这一边。由于地球的转动，当地球表面某处的海水距离这个重心越远时，此处海水所产生的离心力就会越大。由此可以看出：面向月球的海水所受月球引力最大，反之则受离心力最小。在一天之内，昼夜之间，地球上大部分的海面会有一次面向月球，一次背向月球，所以海水会在一天内出现两次涨落。

探秘天下

潮汐是永恒的能源

在海水所有的运动变化形式之中,潮汐是最常见、最重要的一种,而它所产生的能量也是人类最早利用的海洋动力资源。在唐朝时,中国的沿海地区就出现了利用潮汐来推磨的小作坊。11～12世纪,法、英等国也出现了潮汐磨坊。到了20世纪,人们

探秘天下

开始懂得利用海水上涨下落的潮差能来发电。1912年,世界上第一座潮汐发电站在德国布斯姆建成;而目前世界上最大容量的潮汐发电站位于法国英吉利海峡的朗斯河河口,一年供电量可达5.44亿千瓦时。据估计,全世界的海洋潮汐能有20多亿千瓦,每年可发电1.2万亿千瓦时。因此有些专家断言,潮汐将成为人类未来清洁能源的主力军。

钱塘江大潮

每年的农历八月十八,钱塘江的远处江面都会泛起层层的白色浪花,数米高的"水墙"以排山倒海之势翻卷奔涌而来,整个江面白浪滔天,汹涌澎湃,这就是举世闻名的钱塘江大潮。

海洋气候

海洋与空气两者密不可分,它们以多种形式相互作用,从而形成了海洋气候。简单地说,一片海域的气候是由于太阳光强烈辐射使海洋与大气升温,引起的海洋与大气的循环。

探秘天下

台风

由于赤道附近的太阳光辐射强烈,因此在气流上升过程中,水汽会凝结为液体的水滴,释放出大量的热能,并在空中形成一个低压中心。由于空气是从高压区向低压区流动的,这就为台风提供了源源不断的能量,加上受地球自转等因素的影响,因此便形成了一个近似圆形的旋涡。这种旋涡又称热带气旋,气旋越转越大,最后形成强劲的台风。

台风多发地区

全世界每年约生成80次台风,其中有35%发生在西北太平洋,那里是全球台风发生最频繁的地区。所以西北太平洋沿岸的中国、日本和菲律宾,都是受台风影响最大的国家。

飓风

同台风一样，飓风也属于热带气旋，但它与台风所发生的地域不同。人们一般把发生在西北太平洋地区的强烈热带气旋叫台风，而把发生在大西洋、东太平洋和加勒比海地区的强烈热带气旋叫飓风。"飓风"的含义为"风暴之神"，它来源于印第安人古老的传说。

安德鲁飓风

1992年8月，安德鲁飓风袭击了南佛罗里达，它席卷了所到之处地面上的一切。尽管在飓风袭来前有及时预报并疏散居民，但仍有43人丧生，并造成了数十亿美元的损失。

探秘天下

厄尔尼诺现象

有些年份的圣诞节前后，在太平洋的中东部，海洋表层海水的温度常常一反常态地突然升高，一般到3月份这一现象又会自然消失。由于这种现象发生在圣诞节前后，所以当地人就把它称为厄尔尼诺，取"圣婴"之意。

米奇飓风

米奇飓风发生在1998年，它袭卷了中美洲地区，其中以洪都拉斯和尼加拉瓜地区损失巨大。这次飓风导致1万多人丧生，物资财产损失约数十亿美元。后又由于飓风减速并滞留，在这个地区上空盘旋了数小时，倾盆大雨从天而降，使这次暴风雨的破坏力度大大增强。在强暴雨的作用下，山洪暴发，农田尽毁，奔涌而来的泥石流埋葬了数以千计的房屋和人畜。

拉尼娜现象

当太平洋中东部的表层海水温度比一般年份异常偏高时,人们会把这种现象称为"厄尔尼诺"(圣婴);而当这一海域的表层海水温度比一般年份异常偏低时,科学家将此类自然现象称之为"拉尼娜"(圣女),与"厄尔尼诺"(圣婴)相对应。

"拉尼娜"现象一般发生在"厄尔尼诺"之后,但并不是每次都这样,这一现象缺乏规律性。拉尼娜现象对气候的影响更为复杂、更难预测。迄今为止,人们还没找到导致海水温度异常偏低的原因。

影响

厄尔尼诺现象发生时,太平洋东部的气候会由原来的干燥少雨变成多雨,易引发洪涝灾害;太平洋西部气候由湿润多雨变为干旱少雨,引发旱灾。同样,拉尼娜现象发生时,太平洋东部易发旱灾,西部易发水灾。

全球气候变暖的数据

　　1997年，全球海面平均温度是20世纪乃至过去的1000年里最高的；1998年，全球海洋表面平均温度每月均达历史最高温度。由联合国政府间气候变化专门委员会（IPCC）就气候变化作出的《1995年温度变化报告》表明：20世纪海洋表面温度与15世纪后任何一个世纪的最高温度一样高，甚至更高。全球海洋表面平均温度上升了大约0.3℃~0.6℃，海洋冰山也开始融化，这使海面升高了10~25厘米。

据调查，人们发现，空气中二氧化碳浓度的增大是导致地球温度迅速升高的主要原因。过量的二氧化碳多是由矿物燃料燃烧以及森林大片毁灭造成的。太阳短波辐射可以透过大气射入地面，而地面增暖后放出的长波辐射却被大气中的二氧化碳、水蒸气以及其他温室气体（甲烷、一氧化氮、氯氟烃、臭氧）吸收，从而产生大气变暖的效应，即温室效应。随着温室效应不断积累，大气系统的能量也不断积累，造成全球气候变暖。

严重后果

全球气候变暖的后果是严重的，它会产生巨大的热量致使海平面上升，洪水、疾病、干旱以及频繁的风暴活动等自然灾害也会肆虐横行。

美丽的海岛

奇妙的海洋让人们为之惊叹,而美丽的海岛更让人们心驰神往。神秘的斐济岛人口稀少,风景秀丽;美丽的普吉岛风光旖旎,是金丝燕的故乡;景色迷人的北戴河更是一个天然的海滨避暑胜地……让我们一一走近它们,欣赏它们的别样风采吧!

神秘的斐济

斐济位于西南太平洋中心,是南太平洋地区的交通枢纽。斐济由332个岛屿组成,大多数都是珊瑚礁环绕的火山岛。

我们平时见到的大海是蓝色的,但是斐济的大海却是五颜六色的,这是因为在斐济地区的海水中生活着许许多多奇形怪状、色彩斑斓的海鱼。斐济拥有300多个大小不一的岛屿,这些岛屿被环状的珊瑚礁包围着,所以这里成了鱼的天堂。

旅游胜地

斐济不仅人口稀少,景色也非常秀丽,因此很多欧美人都将它作为度假去处的首选。在斐济,人们可以扛着帐篷和整箱的啤酒,在洁净的沙滩上面对着夕阳吃晚餐,尽情欣赏落日的余晖,真是惬意之极。

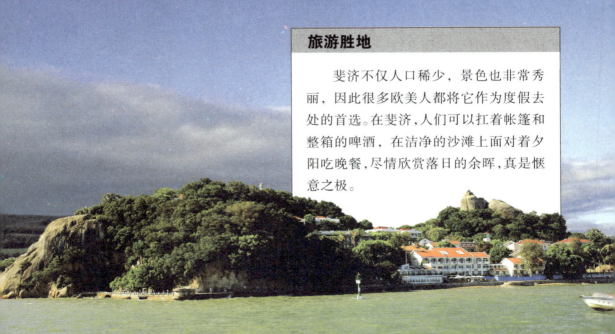

蛎岈山

蛎岈山位于江苏海门的渔场东灶港,它是一个天然的生物半岛,面积约4.5平方千米,因盛产牡蛎而得名。使蛎岈山闻名于世的是淤泥质海岸竟然出现了大面积的生物礁,此景实属世界罕见,这些生物礁为研究古海洋变化提供了可能。

现在,蛎岈山已经成为江苏南通滨海的重要旅游景点之一,人们来到这里,除赶海、采摘野花之外,还可以旅游观潮、看海采风、休闲尝鲜、摄影写生、寻找创作灵感……

水中礁

蛎岈山实际上是个水中礁,礁面有几十平方千米大,它与岸边保持着一定距离,互不干扰。蛎岈山礁堆起伏,层层叠叠,挤挤挨挨,多年来累积的牡蛎久积成骸。

普吉岛

普吉岛是泰国南部的一个小岛,面积只有54.3平方千米。这里是一个风光旖旎的热带海滨浴场,也是闻名于世的休闲避暑胜地。

普吉岛因盛产燕窝而闻名,这里怪石嶙峋,植物茂盛,岛上布满了各式各样的钟乳石,众多蝙蝠也把这儿当成了栖身之地。

厦门鼓浪屿

鼓浪屿位于福建省厦门市西南方,与厦门隔海相望,仅1000米之遥。因岛上有一中空巨石,波浪拍打,声音如鼓,故名"鼓浪屿"。

鼓浪屿虽有街区闹市,却无车马之喧,这里空气清新,环境幽雅,整个小岛一年四季草木葱郁,鲜花竞放,故有"海上花园"之称。

此外,令游人大为赞叹的是,此地居民普遍酷爱音乐,许多闻名中外的音乐家、歌唱家都出生在这里。漫步岛上,时闻琴声,其情其景,无不令人心旷神怡。

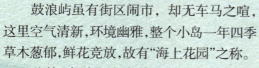

度假天堂

鼓浪屿有着迷人的海岛风光,处处让你感觉惬意,这是一处名副其实的度假天堂。

三亚的天涯海角

"天涯海角"意为天之边缘、海之尽头。古时候交通闭塞,"飞鸟尚需半年程"的琼州岛人烟罕至、荒芜凄凉,是封建王朝流放"逆臣"的地方。流放到这里的人,来去无路,望海兴叹,故谓之"天涯海角"。

如今,这里碧水蓝天一色,烟波浩渺,帆影点点,椰林婆娑,奇石林立,那刻有"天涯""海角""南天一柱""海判南天"字样的巨石雄峙海滨,使整个景区如诗如画,美不胜收。

探秘天下

现在景区内还建有海水浴场、钓鱼台及海上游艇等设施，由现代建筑和仿古典传统园林式建筑风格相结合的"天涯购物寨"、"天涯漫游区"、"天涯画廊"、"天涯民族风情园"、"天涯历史名人雕像"等建筑屹立在天涯海角景区内，令人目不暇接，流连忘返。此外，附近还有由"点火台"、"望海阁"、"怀苏亭"和"曲径通幽"组成的多层次游览胜地。

第二章 海洋世界

海洋是地球给予人类最宝贵的财富之一。生命的起源,源自于海洋。海洋关系到人类在地球上的生存和发展。

无边无际的北冰洋

位于北极圈内的北冰洋,古希腊曾把它叫做"正对大熊星座的海洋"。

北冰洋的形成

北冰洋的形成与北半球劳亚古陆的破裂和解体存在很大联系。北冰洋洋底的扩张运动大概开始于古生代晚期,而大洋形成主要是在新生代实现的。它以地球的北极为中心,通过亚欧板块和北美板块的洋底扩张运动,产生了北冰洋海盆。在北冰洋底所发现的"北冰洋中脊",即为产生北冰洋洋底地壳的中心线。

北冰洋

北冰洋是世界上最小、最浅和最冷的大洋。起初,北冰洋被称为"大北洋",但由于它在四大洋中位置最靠北,且常年被冰层覆盖,所以人们把它改叫为"北冰洋"。

辽阔的太平洋

太平洋位于亚洲、大洋洲、南美洲、北美洲以及南极洲之间。它的名称来源于麦哲伦船队。1521年3月,当麦哲伦环球航行经过太平洋之时,恰逢风平浪静之日,而且在东南信风稳定吹拂下,他们顺利地到达了亚洲东南部。因此,他们给这个大洋定名为太平洋。

天然渔场

太平洋中有多座海底山脉,海底山脉周围有丰富的浮游生物,这些浮游生物会引来大量的鱼群,使得这里成为优良的天然渔场。

太平洋的形成

最初,地球上只有一个大洋,可称其为泛大洋,它的面积是现在太平洋的2倍。

在约两亿年前的侏罗纪时代,即恐龙家族主宰世界的时代,地球曾有两块古大陆,北半球的那一块陆地叫北方古陆(也叫劳拉大陆),南半球的叫南方古陆(也叫冈瓦纳古陆)。南北两块大陆中间出现了一个古地中海,被称为特提斯海。它的位置包括现在的地中海和欧洲南部的山系、中东的山地以及黑海、里海、高加索山脉,一直延伸到中国境内的喜马拉雅山系等地区,这一片东西走向的海洋,与泛大洋相通。后来,劳

环太平洋火山

太平洋区域内火山密布,且多为活火山。在太平洋海盆中,高出海底1000米以上的火山有1万多座,并且分布得非常有规律:一个挨着一个,像一条长长的带子,绕在环太平洋的周边地带。

亚古陆和冈瓦纳古陆先后解体，特提斯海东段与泛大洋融合，经过上亿年的漫长演变，才最终形成我们今天所知道的太平洋。当时大西洋和印度洋还没有出现，北美洲与欧洲之间（现在北大西洋的位置）是一条很窄的封闭的内海。到了1.3亿年前，北大西洋从这个内海开裂扩张，东部与古地中海相通，西部与古太平洋相通。

星罗棋面的岛屿

在四大洋中，太平洋是拥有岛屿数量最多、岛屿面积最大的大洋。太平洋里岛屿的总数达1万多个，总面积为440多万平方千米，约占世界岛屿总面积的45%。

夏威夷群岛

位于太平洋中部的夏威夷群岛是一组火山岛，岛上椰林密布，海水清澈透明，风光怡人，是著名的旅游胜地。

广袤的印度洋

　　印度洋位于亚洲、非洲、大洋洲和南极洲之间，整个水域都在东半球。印度洋因其位于亚洲印度半岛南面而得名。

印度洋的形成

　　与太平洋一样，印度洋的形成也经历了一个非常漫长的过程。2亿年前，非洲东部马达加斯加形成狭窄海沟，预示着冈瓦纳古陆开始解体。2亿~0.65亿年前，印度洋大幅度张开，印度

与澳大利亚、南极洲分开,逐步向北漂移,最终与北方古陆——劳亚古陆连接,特提斯海东段消失。大约0.53亿年前,澳大利亚和南极洲开始分离,0.39亿年前,两者最后分离。到新生代时,红海开始形成,阿拉伯半岛脱离非洲。这样,在亚洲、非洲、大洋洲和南极洲之间出现了最原始的印度洋。

印度洋岛屿

印度洋上也有许多岛屿,其中大部分为大陆岛,如马达加斯加岛、斯里兰卡岛、安达曼群岛、尼科巴群岛以及明达威群岛等,其中马达加斯加岛在世界岛屿中排名第四。在不同海流的共同作用下,这里形成了世界上最大的季风区,即中南半岛和印度半岛季风区。

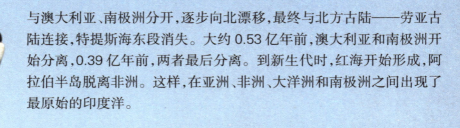

灾难频发

印度洋的大部分地区都居于热带,因此印度洋又被称为"热带海洋"。因其地理位置特殊,所以印度洋上的热带风暴频发,且常造成巨大灾难。

探秘天下

印度洋中脊

大洋的海底山脉称为大洋中脊,印度洋底部横亘着一条呈"人"字形的大洋中脊,它一般高出洋底 1000~3000 米。这条大洋中脊北起阿拉伯海,向南分为两支:东面一支绕过澳大利亚、南极洲之间的海底,与太平洋中脊相连;西南一支绕过非洲与大西洋山脉连在一起。由于被一些与之垂直或斜交的断裂带切断错开,印度洋中脊时断时续,尤其在中印度海岭一带,中脊形态崎岖破碎,这使得印度洋海底地形非常复杂。

中国孩子最想知道的
海洋悬疑

浩瀚的大西洋

　　大西洋位于南美洲、北美洲、欧洲、非洲和南极洲之间，面积仅次于太平洋，在世界大洋中排名第二。在古希腊神话中，擎天巨神阿特拉斯住在极远的西方，所以当人们看到无边无涯的大西洋时，便认为大洋的尽头是阿特拉斯栖身的地方，故古希腊称其为"阿特拉斯之海"。

岛屿众多

　　大西洋中分布着许多岛屿，且不同海域的岛屿各不相同：北部以大陆岛为主，多位于北极圈附近；中部主要由西印度群岛组成，位于热带和亚热带海域，其中遍布着许多珊瑚礁；南部岛屿较少，主要有马尔维纳斯群岛等。

探秘天下

大西洋的形成

大西洋一直处于不断开裂、扩张、加深的过程中，在 9000 万年前，大西洋便已形成了：最初只是表层海水的南北交流，底部仍有一片高地阻隔着，北部大西洋同地中海相通，南部大西洋与太平洋相通，一直到 7000 万年前，大西洋南北才完全贯通。此时，大西洋已扩张到几千千米宽，水深达到 5000 米，大西洋也基本形成。

大西洋中脊

在大西洋中部海底，横亘着一条巨大的海岭，它北起冰岛，南至布韦岛，全长 15000 多千米，是世界上最壮观的大洋中脊。这一大海岭一般距水面 3000 米左右，有些部分则已浮出水面，形成一系列岛屿。

海岭特点

大西洋中部海底的海岭呈"S"形蜿蜒，把大西洋分为与海岭平行伸展的东、西两个深水海盆，其中，西海盆较深，且分布着很多深海沟。

第三章 海洋生态

这里是生物最初孕育和成长的温床,这里有着姿态万千的神奇物种,这里纷繁奇丽、别有洞天……让我们揭开海洋的神秘面纱,了解海洋生态。

海洋生态环境

生态系统中的各因素都处在一个相对平衡的状态,而海洋生态系统在自然界中起着重要的作用,影响着人们的生产、生活。

在海洋生物群落中,从植物、细菌或有机物开始,经植食性动物到各级肉食性动物,依次形成摄食者的营养关系,这种营养关系被称为食物链,亦

海洋浮游植物

位于食物链第一级的海洋浮游植物通过光合作用生产出碳水化合物和氧气,它们是海洋生物生存的物质基础,第二级的海洋浮游动物就是以海洋浮游植物为食的。

称为"营养链"。食物网是食物链的扩大化与复杂化。物质和能量经海洋食物链和食物网的各个环节而进行转换与流动，这是海洋生态系统中物质循环和能量流动的一个基本过程。海洋食物链错综复杂，但正是由于它的存在，海洋生态系统才会有条不紊地运转着。

食物链的结构有些像金字塔，底座很大，每往上一级就缩小很多：第一级是数量惊人的海洋浮游植物，第二级是海洋浮游动物，第三级是摄食浮游动物的海洋动物，第四级则是海洋中的食肉类动物。

海洋中的霸主

位于食物链中第四级也就是金字塔最高层的是海洋食肉类动物，如金枪鱼、鲨鱼等，它们是海洋中的霸主。

独特的海洋动物

在上百万年的海洋生活中，海洋动物为适应环境，形成了一些特点，使自己能够生存下来，并且不断地繁衍。

在海洋中生活着种类繁多的海洋动物，许多海洋动物都非常独特，与它们在陆地上生活的远亲有很大的不同。有些海洋动物很奇怪，没有腿，或者没有眼睛、耳朵；有些海洋动物看起来很像植物，紧紧地贴在海底或是岩石上，从周围的水中吸吮氧气和食物。但是所有的海洋动物都有共同的特点，即它们无法自己生产食物，只能从周围的环境中获取食物。

形态各异

海洋中的动物形态各异，有着各不相同的体貌特征，也正是因为海洋动物在外表上具有差异性，才使得海洋世界看起来更加富有生机。

海洋动物另一个显著的特点是结构一般较简单原始，这是由于海洋环境相对稳定造成的，在这种环境中，动物的身体结构发展一般比较缓慢，从而保持了较古老的特征，也保留了许多种类的古老类型。与三叶虫同时代的鲎，就是肢口纲剑尾目中唯一生存至今的古老物种。此外，还有具有"活化石"之称的舌形贝，人们常称它们为海豆芽；还有另一种腕足类动物穿孔贝。

软体动物也有很多古老的类型，如新蝶贝，从形态上看不出它们和其祖先有多少差别，另外还有鹦鹉螺等。脊椎动物中最有名的大概要数矛尾鱼了，即大名鼎鼎的拉迈蒂鱼，它的形态让人们回想到了泥盆纪时代。海洋中的一些爬行动物也有较古老的类型，如海龟和海蛇等。诸如水母、有孔虫、放射虫、珊瑚等古老类型的动物更是不计其数。

海洋动物特点

海洋动物为生存和繁衍，形成了自身独特的特点：为适应水中生活，有能推动身体前进的尾巴和鳍；放缓新陈代谢，减少耗氧量；为适应低温环境，长有可抵御低温的脂肪。

探秘天下

海洋中的鱼类

在茫茫的海洋中，除了咸咸的蓝色海水外，还生活着众多自由自在的鱼类，鱼类是"游泳健将"，它们游动时那轻松自如、婀娜多姿的身影总是让人羡慕……

鱼的分类

鱼是一种生活在水中的脊椎动物。庞大的鱼类家族在生物学上可分为3个纲：圆口纲、软骨鱼纲和硬骨鱼纲。

圆口纲是最早的脊椎动物，是最原始的鱼类，没有上下颌，又称无颌类，也没有成对的附肢。现存种类不多，分2目3科60余种，如日本七鳃鳗和蒲氏粘盲鳗等。

软骨鱼纲是一种内骨骼全为软骨的鱼类，其软骨常以钙化加固，无任何真骨组织，具有上下颌，头侧有鳃裂5～7个。世界上软骨鱼类有650余种，其代表品种有鲨鱼、鳐鱼等。

硬骨鱼的头骨大约由130块骨片组成，是脊椎动物中脑骨数量最多的一类动物。现知全世界硬骨鱼有18000余种。

硬骨鱼

硬骨鱼就是指骨骼已经骨化了的鱼类，在海洋鱼类中，大多数都是硬骨鱼。

硬骨鱼纲

硬骨鱼纲是鱼类中最高级的，也是现存最繁盛的一个种群。这种鱼的内骨骼出现骨化，体表有硬鳞或骨鳞，或裸露无鳞。硬骨鱼有一对外鳃，有些鱼还有背肋和腹肋。

鱼鳔

鱼鳔是多数硬骨鱼消化管背面的一个囊状结构,其功能是调节鱼体的比重,从而可以让鱼儿在水中上浮或下沉。鱼鳔与消化管间以短管相连,即鳔管。有些通鳔类鱼类的鳔管终生保留,如鲤形目、鲱形目等;有些闭鳔类鱼类的鳔管消失,鱼鳔与消化管不再相通,如鲈形目等。当鱼向上游动时,所受的水压减小,鱼鳔内气体增加,鱼体相应地膨胀,使身体比重减小,鱼上浮;反之,当鱼向下游动时,所受的水压加大,鱼鳔排出部分气体,体积减小,鱼体比重加大,鱼下沉。这样,鱼靠鱼鳔的调节,使身体能在水中任何深度保持平衡。

鱼鳃

　　鳃是鱼类重要的呼吸器官,主要承担气体交换任务。此外,鳃还具有排泄代谢废物和参与渗透压调节的重要功能。鱼鳃在咽腔两侧,对称排列,形状略似梳子。板鳃鱼类一般有 5 对鳃裂,少数有 6 对或 7 对。硬骨鱼类多为 5 对鳃裂,相邻两鳃裂中间的间隔叫做鳃间隔,它的前后壁上分出许多细条状的鳃丝,所有这些鳃丝合在一起组成一个半鳃,通称鳃瓣。前后两个半鳃组成一个全鳃,每一条鳃丝两侧也同样有许多细板条状的突起,彼此平行垂直于鳃丝,这一构造叫鳃小片。鳃小片是气体交换的地方,其壁甚薄,因而活鱼的鳃总是鲜红的。相邻鳃丝间的鳃小片,相互嵌合,呈犬牙交错状排列,即一个鳃小片嵌入相邻鳃丝的两个鳃小片之间。这种排列方式再加上水流与血流方向的对流配置,可以使鱼鳃吸收、溶解氧的能力大大提高。

鱼类的生殖

鱼类的生殖系统由生殖腺和生殖导管组成。生殖腺包括精巢和卵巢,生殖导管由输精管和输卵管组成,生殖导管的出现较圆口纲又进化了一步。大多数鱼类是雌雄异体,卵生并多为体外受精。雌鱼的生殖腺为卵巢,平时呈扁平的带状,呈现出青、灰、黄、粉红等颜色;到生殖季节发育长大后,生殖腺占体腔的大部分空间。雄鱼的生殖腺一般为白色线形的睾丸,在生殖季节增大后叫鱼白,是产生精子的器官。软骨鱼和低等硬骨鱼的生殖腺裸露。高等的硬骨鱼的生殖腺呈封闭状态,由腹膜分化成的束状膜包裹着,形成囊状卵巢或囊状睾丸。另外,还有少数鱼类为雌雄同体,能自体

受精。黄鳝可产生性逆转,即生殖腺从胚胎到成体都是卵巢,只能产生卵子;发育到成体产卵后的卵巢逐渐转化为精巢,产生精子,从而变成雄性。

鱼类受精方式和发育方式有以下四种:一、体外受精,体外发育。二、体外受精,体内发育,如鲇科的雄体在生殖期间会停食,把受精卵吞入胃中孵化。三、体内受精,体外发育。卵未产出前,雄鱼通过特殊的交接器官,如鳍脚、短管等,使精液流入雌鱼生殖孔内,卵在体内受精,卵成熟后,再排出体外发育。四、体内受精,体内发育。

有趣的海鸟

辽阔的海洋中生活着各种各样的生物,而海洋的上空也并不寂寞。展翅翱翔的海鸥,迎风斗雨的海燕,自由自在的信天翁,还有会游泳的企鹅,大嘴巴的鹈鹕……各式各样的海鸟组成了海洋上一道靓丽的风景线。

海鸟是一种能够适应海洋环境的鸟类,虽然它们为了孵卵养育幼鸟,需要在陆地上筑巢,但是一生大多是在海洋中度过的。它们分布于全世界海洋的海岸和海岛。

从动物分类上看,海鸟家族可以分为:企鹅目的企鹅科,鹱形目的海燕科,鹈形目的鹈科、鲣鸟科、军舰鸟科,鸥形目的鸥科、贼鸥科、海雀科、剪嘴鸥科等等。

有些荒岛千百年来栖息着成千上万只海鸟,飞起来遮天蔽日,日积月累留下了像石头一样坚硬的鸟粪

层。例如，我国南沙、西沙的一些岛屿上的鸟粪层竟厚达几米至几十米，现已成为优良的有机磷肥料。企鹅也是海洋鸟类。不过，企鹅的飞行能力已经退化。但是，企鹅能够用灵巧有力的短翅，在冰冷的海水里飞快地游动。

　　海鸟为了捕食或避险，它们可以深入海洋深处，并能潜到十多米直到上百米深。鲣鸟可从100多米的高空收拢双翼，如同一枚发射的炮弹，钻入海中，下潜几十米，然后再浮上水面。这些海鸟可谓是上天入地、无所不能了。

　　海鸟中的潜水冠军要算南极的企鹅了，它们能下潜到数百米深的水中。海鸟还有迁徙的习性，如威尔逊海燕在南极海域的岛屿上繁殖，却要飞越1万多海里北上到拉布拉多万度夏，待南半球夏季来临时再返回。

海鸥

　　海鸥是海员的好朋友，海员们从不伤害海鸥，海鸥也十分信任海员。

探秘天下

企鹅

企鹅是海鸟中种类较多、数量较为庞大的家族,它们对气候的适应能力很强。多数人只对身穿"燕尾服"、生活在南极冰原的王企鹅和阿德利企鹅比较熟悉,而对其他种类的企鹅则知之甚少。其实,除了南极企鹅以外,还有许多其他种类的企鹅生活在不同的地方,有的企鹅还生活在温暖的亚热带地区,像加拉帕戈斯企鹅就生活在赤道附近的加拉帕戈斯群岛上。

分布广泛

企鹅分布的地区之广,可以说是任何鸟类都无法与之相比的,从南极冰原到福尔克兰兹的绿色牧场;从新西兰海湾到炎热的加拉帕戈斯群岛,到处都有它们的踪迹。它们能够在零下25℃的严寒中生活,在38℃的亚热带地区也能适应。它们的适应能力在鸟类世界中是无与伦比的。

68

海燕

　　海燕是一种常见的海鸟,海燕科一共包括 20 种海鸟。海燕科动物与信天翁的体形差不多,但是个头较小。海燕是杰出的飞行家,人们常常赞美威尔逊海燕勇于迎接暴风雨的挑战,并在高尔基的笔下成为了不畏强暴的战士。海燕分布在世界各大洋,在南极地区,海燕的数量较多。

飞鸟之王——信天翁

信天翁是南极地区最大的飞鸟,也是世界最大的飞鸟之一。信天翁身披洁白的羽毛,尾端和翼尖带有黑色斑纹,躯体呈流线型,展翅飞翔时,翅端间距可达3.4米。它们像白色的闪电一般在浪尖、怒涛中穿梭着。

形形色色的海洋植物

海洋植物与陆地植物不一样，大部分海洋植物没有根、茎、叶。许多海洋植物只有在高倍显微镜下才能看得到。海洋绿色植物的生命过程为从海水中吸收养料，在太阳光的照射下，通过光合作用，合成有机物质(糖、淀粉等)，供给自己营养。

海菖蒲

海菖蒲是在海南岛沿海常见的海洋植物，它是海草中唯一仍保持空气授粉的种类，只分布在水深一米之内的海域。

探秘天下

　　海草是只适应海洋环境的维管束植物,属于沼生目,大部分海草叶片均为带状,形态相似,在热带、温带近岸海域均有分布。一般来说,海草基本上生活在浅海中或大洋的表层。然而,不同海草其分布深度也不尽相同。

　　海草生长在海洋边缘部分一个相当狭窄的地带,常在沿海潮下带形成广大的海草场。海草场是热带水域重要的潮下带生产者,成为许多经济鱼类和无脊椎动物的天然栖息地。目前全世界海域共有12属49种海草,我国共有9属。参与调查的海南省海洋开发规划设计研究院负责人、海洋学博士王道儒这样评价海草:海草与红树林、珊瑚礁一样,是巨大的海洋生物基因库,具有重要的生态价值。

海草是一类有根的开花植物,其根系非常发达,这有利于抵御风浪对近岸底质的侵蚀,对海洋底栖生物具有保护作用。同时,通过光合作用,它能吸收二氧化碳,释放氧气,对海水溶解氧起到补充作用,从而改善渔业环境。更重要的是,它能为鱼、虾、蟹等海洋生物提供良好的栖息地和庇护场所。海草床中生活着丰富的浮游生物,个别种类的海草还是濒危动物的食物,如儒艮。

纤弱的海草,靠着厚重的根基,竟能与狂风暴雨抗衡。纵然被海浪冲击得前后摇摆,却始终不会折断。在探寻其神秘的同时,我们不能不为这种弱小群体物种的坚韧而感慨。

探秘天下

红树

红树是一种生长在热带、亚热带海岸滩涂的树种,它包括红心红树、黑心红树和白心红树三种树。红树是植物中少数能在海水中生长的植物之一。它的叶子上长有盐分泌细胞,这层细胞能够将植物体内过多的盐分排出体外,作用相当于"海水淡化器",使红树能从海水中不断提取淡水,从而保持其正常生长。

红树的繁殖方式很特殊。当成熟的红树结出种子后,就会附着在树上发芽,长出有根端的附属物。当这一根系达到数十厘米时,便会自动脱落,插入到泥土中,随即在河口滩涂生根长叶,生长成新的红树。有的下落的树根胚胎会被潮汐带走,漂浮在海面上,直到落地生根为止。红树的籽苗可以漂到很远的地方,甚至能依靠赤道洋流,横渡大西洋,遇到陆地后仍能生根成树。

海洋植物

如果地球上的海洋没有孕育植物,那么整个海就是一片裸海。光秃秃的海洋,不仅让人的视觉干涩,而且海洋中的很多动物会因此而灭亡。

海藻

　　海藻是海洋植物中的一个大家族,共有8000多种。海藻的种类繁多:小的用显微镜才能看得见,大的则可长到几百米,重达几百千克。人们根据海藻所含的不同色素,把它们分为褐藻、红藻、绿藻等。

海草

　　海草作为南海沿岸的生态系统的重要组成部分,是海洋高生产力的象征。

　　褐藻大部分生长在海洋环境里，体形巨大。其主要有巨藻、海带、裙带菜、墨角藻、囊叶藻、马尾藻等。它们中有许多品种都可以食用，还有许多品种可以提取为化工原料。

　　红藻大多是由复杂的细胞组成，大部分生长在海洋环境中，其内部含有特殊的蓝色或红色色素。红藻的品种繁多，藻体多呈紫色或紫红色，有丝状、片状和分枝状等，主要品种有紫菜、石花菜、鸡毛藻、红毛藻、海索面、海头红、多管藻和鹧鸪菜等。红藻的很多品种都具有食用价值或药用价值，有的红藻还被用来作为生产维生素和化肥的原料。

　　绿藻是单细胞植物，或是聚合成细胞群。绿藻与大部分植物类似，含有叶绿素，它们还可以把食物以淀粉的形式储存起来。绿藻种类也比较繁多，但海生绿藻只有600种左右，最常见的是石莼、礁膜、浒苔、羽藻、蕨菜、刺海松、伞藻等。其中，石莼、礁膜和浒苔为著名的海生蔬菜。

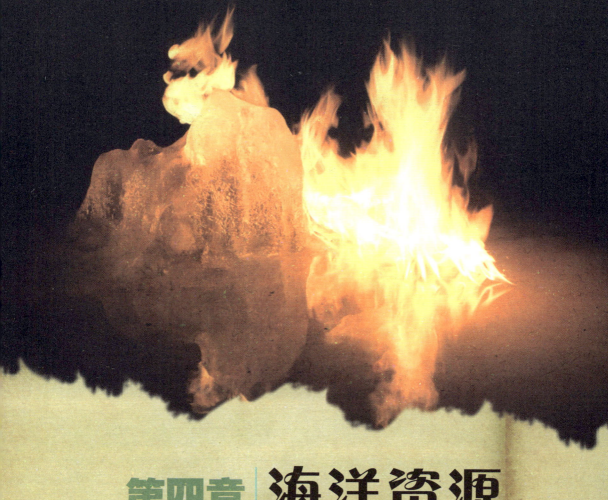

第四章 海洋资源

海洋是一个神秘的大宝库,它占据着地球总面积的71%。海洋中包含的丰富的生物资源和水域资源,还有待人们的进一步开发和利用。

丰富的油气资源

第二次世界大战后,科学技术的飞速发展使人们有条件进行近海海底石油资源的开采。1947年,美国最先开始尝试海上石油开采。1977年,世界上已有439条钻探船进行油气资源的开采作业。

石油产区

世界海洋石油的绝大部分存在于大陆架及其临近地区。波斯湾大陆架石油产区较早地进行了大规模开采,现在,这一区域已成为满足世界石油需求的主要地区。欧洲西北部的北海是仅次于波斯湾的第二大海洋石油产区。委内瑞拉的马拉开波湖是世界上第三大海洋石油产区。

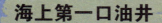

海上第一口油井

最早开发近海石油资源的是美国。

美国人于1897年采用木制钻井平台在浅海处打出了石油。1924年,在委内瑞拉的马拉开波湖和苏联的里海沙滩上,先后竖立起了海上井架,开采石油。而高效率、且真正意义上的现代海上石油井架则是在20世纪40年代中期才正式应用。1946年,美国人在墨西哥湾建立起第一座远离海岸的海上钻井平台,打出了世界上第一口真正意义上的海底油井。

探秘天下

中国的石油资源

我国海域现在已发现了30多个大型沉积盆地,其中已经证实含油气的盆地有渤海海盆、北黄海海盆、南黄海盆地等,总面积达127万平方千米。临近我国的海域,42%含有石油和天然气。南海南沙群岛海域,估计石油资源储量可达350亿吨,天然气资源可达8万~10万亿立方米。有人预言,我国南沙海域有可能成为世界上第二个波斯湾。为了子孙后代的利益,为了我国的能源战略安全,我们必须重视对海洋利益的维护。

海洋石油蕴藏区

美国与墨西哥之间的墨西哥湾、中国的近海(如渤海、黄海、东海和南海)都蕴藏着丰富的石油资源。

石油城

世界上已有上百个国家在海上建立了"石油城",一座座钻井犹如擎天柱般屹立在大海之上。

世界上主要油田有600余口。在石油储量上,中东的波斯湾一马当先,其次是委内瑞拉的马拉开波湖,第三是欧洲的北海。波斯湾和马拉开波湖的海底石油储量占世界石油储量的70%左右。

世界已探明的大型油气田有70余个,其中特大型油气田有10个,大型油气田4个,6年产量超过1000万吨的有11个,其中以沙特阿拉伯、委内瑞拉和美国为主。

海洋石油产区

在海底天然气储量方面,波斯湾居第一,北海居第二,墨西哥湾第三。这些大型油气田中的石油井离岸最远达500千米,最深井达到7613米,平台最深约300米。世界的"石油城"仍在不断增加,石油和天然气的产量也在逐年增加。

石油应用

　　石油最初被用作汽车、飞机的燃料。20世纪50年代后,石油化工业正式大规模兴起,石油可加工成合成纤维、橡胶、塑料和氨等。目前,至少有5000多种石油化工原料,直接关系到人们衣食住行的方方面面,人们的生活已与石油化工产业密不可分了,石油化工产业在改善人类生活水平方面居功至伟。石油现已渗透到经济、军事、航天等几乎所有的部门,石油能源的安全已成为世界各国普遍关心的话题。世界各国将会不惜一切代价来保障本国的石油能源安全,以满足本国工业、农业和人民日常生活对石油的需求。

可燃冰

可燃冰并不神奇,它是由水和天然气组成的一种新型的矿藏,广泛分布于海底。这种天然气水合物的外表同冰非常相似,为白色固态结晶物质。可燃冰含有多种可燃物质,其中甲烷占多数,约为90%,其余的是乙烷、乙炔等。可燃气体分子处于紧密压缩状态,为固态结晶体,由于这种固态气体可以燃烧,因此它被称为"可燃冰"。它与天然气成分相近,但更为纯净,更为环保。目前,世界各国正在合力开发这种矿产资源,以作为国内能源产业的新型替代能源。

可燃冰的形成

关于可燃冰的形成，专家们意见不一。一般认为，可燃冰是水和天然气在高压和低温条件下混合时产生的晶体物质。这种可燃冰与一般天然气具有明显的区别。一般的天然气是海洋中的生物遗体在地下经过若干地质年代生成的，而固态天然气——可燃冰却不是由生物遗体形成的。它可能是数十亿年前，在地球形成之初的某个时期，在深海 500~1000 米的岩层中，保存在水圈里的处在游离状态下的甲烷在适宜的条件下与水结合而成的结晶矿。可燃冰普遍存在于海洋中，已经探明的储量极为丰富，是陆地上石油资源总量的百倍以上，这样可观的储量引起了世界各国科研人员的兴趣。

可燃冰的开采

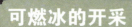

苏联首先对可燃冰的开采进行了尝试，他们在西伯利亚的梅索亚哈气田进行试验并取得了成功。此后，苏联对西伯利亚永久冻土带的可燃冰进行商业开采。1995年，美国太平洋钻探计划在美国东部海域取得大量可燃冰岩心，首次证实海底可燃冰矿藏的存在。自此，人类对可燃冰的开发进入了一个崭新的时代。

种类繁多的海洋矿产资源

毫无疑问，占地球表面 70% 以上的海洋是一个巨大的矿产资源宝库。从海岸到大洋深处，遍布着人类所需要的各种矿产，吸引着人们去研究和探索。

难题

海底矿产资源分布不均给能源的开发出了一道道难题，科学家将会如何应对？让我们拭目以待。

探秘天下

海洋矿藏中最重要的当数锰结核，它是块状物质，堆积在水深约4000~6000米的深海海底，总储量约有3万亿吨，锰、铁、镍、铜等主要金属元素均以氧化物的形式富集于锰结核各层内。

在海洋深处，存在着大量的重金属软泥，其中含有丰富的金、银、铜、锡、铁、铅、锌等，比陆地上要丰富得多。海洋是个巨大的矿产宝库，人类在开发海洋矿产时应该注意保护海洋生态平衡，为海洋生物创造良好的生存环境。

铀

海洋中铀的含量仅是理论上的计算，毕竟铀在海水中的浓度非常小，每升海水仅含有3.3微克铀，即在1000吨的海水中，仅含有3.3克的铀。

铀

　　铀在裂变时能释放出巨大的能量，不足 1000 克的铀所含的能量约等于 2500 吨优质煤燃烧时所释放的全部能量。在核能源迅速发展的今天，铀已成为各国的重要战略物资。陆地上的铀储量非常少，海洋中却拥有巨大的铀矿储藏量。据统计，大洋中铀的总储量约达 45 亿吨之多，这个储量相当于陆地总储量的 4500 倍。但如何开发和利用海洋中的铀能源成为科学家们关注的一大难题。

铀的分布

铀在海洋中的分布并不均衡。在海水垂直分布上,太平洋和大西洋中的铀在水深1000米处含量最高;而在印度洋中部则是在1000~1200米深处含量最高;最低的含量是在水深400米处。在海洋生物中,浮游植物体内的含铀量要比浮游动物高2~3倍。

溴

溴在工业医药领域中有重要的应用。它是杀虫剂的重要组成成分,是医用镇静剂的主要成分,是抗菌类药物的主要组成元素……

海水中溴的含量较高,在海水中溶解物质的顺序表中排行第七位,每升海水中含溴67毫克。海水中的溴总量有95亿吨之多。

溴的特征

溴是唯一在室温下以液态存在的非金属元素,并且是元素周期表上在室温或接近室温下为液体的6种元素之一。

探秘天下

溴的工业用途

　　溴在工业上被大量用做燃料的抗爆剂,把二溴乙烷同四乙基铅一起加到汽油中,可使燃烧后所产生的氧化铅变成具有挥发性的溴化铅排出,以防止汽油爆炸。此外,溴还在石油化工产业中担负着非常重要的作用。

金刚石

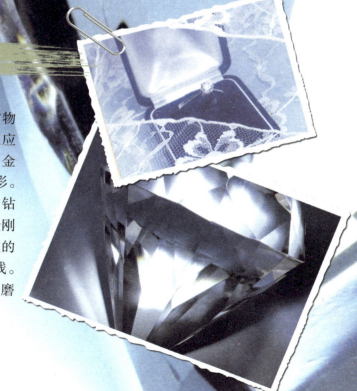

　　金刚石是目前已知矿物中最硬的矿物,它被广泛应用于钻头和切削器材上。金刚石还有鲜艳夺目的色彩。纯度高的金刚石被称为钻石,是一种贵重的宝石。金刚石还可制成拉丝模,做成的丝可用于制作降落伞的线。细粒金刚石还是高级的研磨材料。

海绿石

　　海绿石广泛分布于100~500米深的海底,它富含钾、铁、铝、硅酸盐等矿物,颇具经济价值。其中氧化钾含量占4%~8%,二氧化硅、三氧化铝和三氧化铁的含量约占75%~80%。

　　海绿石颜色很鲜艳,有的是浅绿色,有的是黄绿色或深绿色。海绿石形态各异,有粒状、球状、裂片状等。

　　海绿石是提取钾的原料,可做净化剂、玻璃染色剂和绝热材料。海绿石和含有海绿石的沉积物还可做农业肥料。

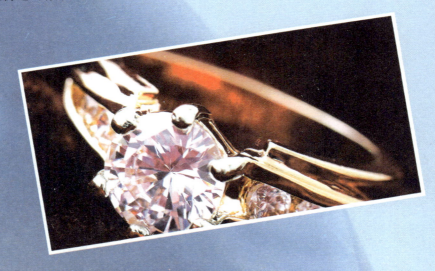

白云石

　　白云石是一种普通的矿物,一般存在于石灰石和沉积岩中。白云石能在遇到热盐酸时生成气泡,还可蓄集铅、锌和银,是炼镁等冶金工业中的主要原料,也是玻璃、耐火砖等建筑材料生产中不可或缺的材料之一。大约200年前,法国自然科学家雷姆在意大利考察时,发现了一条起伏不平的山脉横亘在蓝天下,放眼望去,全是浅白色的岩石,像一片白云,雷姆遂给这片岩石起名为"白云石"。

探秘天下

海底软泥

英国海洋考察船"挑战者号",在1872~1876年的环球探险中,在各大洋的海底,多次发现了深海软泥。探险科考队员们根据各种软泥的不同特性对其进行了分类,分别命名为抱球虫软泥、放射虫软泥、硅藻软泥、翼足类软泥等。

放射虫软泥

当深海红黏土中的放射虫硅质壳的含量超过 20% 时,就称其为放射虫软泥。放射虫软泥仅分布于低纬度海底,在太平洋呈东西带状分布,而大西洋、印度洋则很少见。

伴生物质

在放射虫软泥的分布区常有多金属结核伴随而生。

金属软泥

金属软泥矿是近30年来海底矿床研究的重大发现,它引起了世人的广泛关注。20世纪60年代国际印度洋考察期间,科学家在红海深约2000米的海洋裂谷中,发现了4个富含重金属和贵金属的构造盆地,他们将其命名为:"阿特兰蒂斯11号"海渊、"发现号"海渊、"链号"海渊和"海洋学者号"海渊。它们的总面积约85万平方千米,水深都大于2000米,海底沉积软泥中金属元素含量特别高,海水中的含矿程度比一般海水高1000多倍。软泥中含有大量的铜、铅、锌、银、金、铁和铀、钍等金属元素。而这些软泥多分布于红海中部的强烈构造破碎带上,它们的生成与地震和火山活动有关。

钴

钴呈灰白色,它的化学性质像钛,可用来制作特种钢和超耐热合金,也可以做玻璃和瓷器上的蓝颜料。钴作为一种特殊金属元素,可代替镭来治疗恶性肿瘤。此外,它在工业上也有广泛应用。

探秘天下

锰结核

锰结核是海洋中重要的矿藏,它含有锰、铜、铁、镍、钴等 76 种金属元素。世界大洋中的锰结核矿总储量约为 3 万亿吨,仅太平洋的储量就达 1.7 万亿吨。如果把海洋中的锰结核全部开采出来,得到的锰可供人类使用 3.33 万年,镍、钴、铜分别可供人类使用 2.53 万年、34 万年和 980 年。而且锰结核还以每年 1000 万吨的速度在增长。人类将把利用海洋的重点放在如何去开发使用这类锰结核矿上,以解决现在普遍存在的矿产短缺危机。

最大的淡水库

海洋的主体是水,海洋中最广泛、最丰富的资源当然要数水资源。近代人类活动的扩展造成对可用水的需求量不断增长。20世纪50年代迅速兴起一门应用科学——海水淡化,成为海洋开发的重要部分。

近年,科学家发现冰川淡水资源极具开发前景,于是对南极洲冰川的利用提到了各缺水国家的议程上。全球冰川总面积约2900多万平方千米,南极冰盖面积1398万平方千米。南极的冰山,完全可以当做淡水来利用,其总储水量为2700万立方千米,占全球淡水总量的90%。但它能不能被人类利用呢?

探秘天下

运输冰山的困难

冰山是未来主要的淡水资源，但在使用上却存在运输困难的问题。对此人们想出了许多解决方法。

运输冰山首先应选择恰当的冰山。南极冰山可分为：台状形、圆顶形、倾斜形和破碎形等几类。运输的冰山应尽量选择形状规则的。冰山的大小也要选择恰当的。冰山太大会带来拖运的困难，太小又不合算，所以要选择适中的为宜。

水资源开发、利用的目的

水资源的开发利用，是改造自然、利用自然的一个方面，其目的是发展社会经济。

让冰山自己航行

冰山的运输可以说是一件难于登天的事情。为解决这类难题,美国科学家科纳尔提出了一个想法:让冰山自己"跑"到指定地点。

科纳尔解释说:利用冰山与周围海水之间的温差,就可以把冰山推走,只要在冰山一端装上蒸汽涡轮推进器就行了。因为,冰山底下的海水温度要比冰山本身高11℃,这个温度已经足够把液态氟利昂变成气体了。受热膨胀的压力就可把发动机发动起来,冰山也就会像动力船一样自己行驶了。

南极的地势

地球上最高的大陆是南极大陆,就其自然表面来说,其平均海拔高程为2350米,比其他几个大陆中最高的亚洲还要高得多。但是,如果把覆盖在南极大陆上的冰盖剥离,它的平均高度仅有410米,比整个地球上陆地的平均高度要低得多。

探秘天下

让冰山通过赤道

但还有一个难题：冰山如何通过炎热高温的低纬度地区呢？科学家们又有一计：用涂有散热降温药物的塑料薄膜，为冰山穿上合适的"衣服"。在冰山的中间部位开几个洞，使这些部位的冰露出来，直接接受阳光的照射，使此表层的冰逐渐融化，这相当于在冰山上开凿了几个蓄水池，所以这种方法比较实用。

环境恶劣的南极

南极不仅是世界最冷的地方，也是世界上风力最大的地区，南极平均每年8级以上的大风有300天，年平均风速可达17~18米/秒。

第五章 海洋之谜

海洋占据着地球表面71%的面积。人类很早就开始了对海洋的探索,苍茫的大海似乎总是包含着无尽的秘密,等待着人们去揭开。

古地中海之谜

大约130年以前，德国地质学家诺伊玛尔根据亚欧大陆南部和非洲北部海生动物的形成层次的分布及其化石推测，在中生代的赤道一带曾存在过一个近东西向的"中央地中海"。这种推测曾得到了许多地理学家的赞同，但也有一些人反对。

诺伊玛尔根据推测绘制了地图，按照他绘制的古地图，"中央地中海"的南侧为巴西、埃塞俄比亚大陆，以及由此分出的印度半岛和马达加斯加岛；北侧是包括北美、格陵兰在内的尼亚库蒂克大陆和斯堪的纳维亚；东侧为被太平洋隔着的印度支那和澳大利亚。

奥地利著名的学者修斯也赞同这个观点，他将"中央地中海"改称为"特提斯海"，并认为：特提斯海从古生代末二叠纪开始形成，中生代继续存在，到新生代第三纪因阿尔卑斯造山运动而陆地化。如今的地中海，仅仅是古地中海的残余部分。

得名由来

　　特提斯海是北方劳亚古陆和南方冈瓦纳古陆间长期存在的古海洋。1893年,奥地利地质学家修斯首次使用了"特提斯"一词,该词源于古希腊神话中河海之神妻子的名字。由于类似其残存于现代欧洲与非洲间的地中海,故又称"古地中海"。

探秘天下

之后，随着地理学的发展，大陆漂移学说的创立者魏格纳认为：古地中海是一个横穿联合古陆东西的浅海。

20世纪50年代，古地磁学的发展让大陆漂移学说得到了新生。一般认为：古地中海是包围联合古陆的超大洋——泛大洋，从古太平洋方向，以楔形插入联合古陆的海洋。

也有很多学者把在三叠纪以前的地中海叫"古地中海"。不过，它与中生代的古地中海定义的范围是不一样的。1977年，有个叫阿宾杰的学者称它为"赫尔西尼亚海"。关于古地中海的论说虽然并未证实，却引来了许多地质学家对此进行研究。相信在不久的将来，科学家们一定会给我们一个准确的答案。

海上沉船新说

人类的航船在茫茫大海中消失的现象真可谓是屡见不鲜,至今,科学家们还无法对此作出一个准确的解释。

美国密西西比州大学物理学家布鲁斯·迪那多发表了这样的观点:百慕大地区船只失踪的原因,很可能是海底沼气突然爆发产生的大量气泡造成的。为了证明自己的观点,他曾在佛罗里达州布拉登顿附近的海边人工炮制了一起沉船事件:一艘重达4吨的游艇,被人为制造出来的海底气泡生生"吞没"了!

探秘天下

　　布鲁斯·迪那多认为：在百慕大三角地区冰冷的海床底下，藏有大量的甲烷结晶。当海床变暖或发生海底地震时，这些沼气结晶便会被震翻出来，并迅速汽化释放出水面，而这些巨大的沼气泡沫可以使周围海水的密度降低，失去原有的浮力。如果此时正好有船只通过，就会因浮力不足而像石头一样沉入海底。

　　澳大利亚的研究人员很支持这一观点，默纳西大学的梅和莫纳汉指出：他们已经证明了从这些沉积物中冒出的气泡是怎样使船舶下沉的。梅和莫纳汉曾在美国物理杂志上发表的报告中称，通过声呐监测北海（英国和欧洲大陆之间）海底，发现了大量

的氢氧化气体和喷发场所。最近在被称为女巫洞的一个特别大的气泡喷发场所的中央发现了一艘沉船,造成沉船的其中一个原因就是船舶航行到了水下释放出甲烷气泡的地方时失去了浮力。把船舶最后所处的位置与船舶在女巫洞中的位置联系起来,就完全可以支持气泡理论。

然而尽管从理论上看这一观点确有可信度,但至今仍没有人看见过那些大的气泡喷发。但对于百慕大上空飞机失事的原因又如何解释呢?所以,对于海上沉船这类事件仍需作进一步研究。

幽灵船

幽灵船是指无法解释的鬼魅般的船只,它们通常是失踪或已沉没的船只,但却突然在某时出现,而有些幽灵船则是全体船员毫无原因地失踪且再度出现的无人空船。

淹没的城市之谜

人们相信,在海底深处有一些远古的王国,这些王国原本是在陆地上的,但不知什么原因,它们逐渐被海水淹没了。那些城市被海水淹没以后去了哪里呢?

虽然毫无事实上的证据,但许多的英国人都相信:在英国四周的海域里,有三个被淹没的繁荣的古王国。

第一个被海水淹没的王国叫蒂诺·哈利哥。据说此王国位于英国圭内斯北部不远的地方,即今天的康韦湾海域。人们传说它很可能是在公元6世纪之前被海水吞没的,而吞没的原因是由于统治者的罪行所致。

第二个"消失"于海水中的王国位于英国的卡迪根湾。几个世纪以来,威尔士海沿岸的居民坚持认为:在落潮时可以看见海面下有一座古代王宫废墟。但是,1939年有关部门对这一海域进行了调查,结果发现:方圆两万平方米的海底,不是人工所造,而是一片天然礁石群,它被淹没的确切时间是铁器时代。

第三个被海水淹没的城市位于一个叫地角的地方。大约在地角西8千米处,有一个叫"七块石"的地方,它一向被康沃尔郡的渔民称为"城镇"。这也是历史上昌盛的里昂纳斯王国首都的遗址。16世纪,当地的渔民用网捞起了据说是里昂纳斯人用过的生活用品,于是有更多的人相信这个王国的存在。

这三个传说流传很广,至于是否真有其事,我们尚不清楚,但可以肯定的一点是:这三个地区,确实曾有部分陆地被海水淹没,而且在锡利群岛和古岛之间被海水淹没的浅滩上,还有康沃尔和威尔士的海底,都曾发现过人类居住过的遗址。人们推断:在这片遗址上居住的先民们因居住地被海水淹没而不得不迁移到其他的地方。所以,这些传说也不完全是捕风捉影的。

海底村庄遗址

在我国海口市琼山区东寨港至文昌市铺前镇一带的海湾海底,有着很多村庄遗址,这些遗址是明万历年间一次大地震造成的陆陷成海所致。当时约100多平方千米的陆地,共72个村庄缓慢下沉,垂直下降入海约3到4米。

神秘的海山

　　海山是海底升起的孤立的火山,就像陆地上高出周围平地的单个火山。虽然海山在地质上相互独立,但它们也有可能会形成山脉。海山有的是平顶的,因此,有人称它为海底平顶山;还有的海山顶部相对较陡。海山对海洋有非常重要的作用。

中国孩子最想知道的
海洋悬疑

　　海底存在着几万座"海山",这种"海山"位于深海底部,一般高出周围海底约1000米。科学家们对海山的探测从近几年才开始,在水下的每一处山峰都有新的发现。

　　科学家们在多座海山中发现约1000个物种,其中有1/3是新物种,这些物种都是深海中的独有物种,令人惊异。

　　美国最大的海山之一——戴维森海山位于距离海面1200米的地方,在美国加利福尼亚州海岸线附近,科学家们同样也在这座海山的周围发现了新物种。最近在这里还发现了一些罕见的动物。

探秘天下

戴维森海山远离海岸又深藏海底,是海洋生物难得的避难场所。2℃的冰冷水温也使科研人员很少潜入这里。科学考察人员慢慢潜入到了海底 1854 米处,他们的无人潜水艇拍摄到了这个海底世外桃源的景象:火山熔岩的表面坚固,多岩石,在海山附近还生活着几米高的罕见而美丽的深海珊瑚。研究人员还发现了一种捕蝇海葵,它是世界上已知的最漂亮、最迷人的海葵,长得有些像捕蝇草;他们还发现了蟾蜍鱼,这种鱼身上

海底山脉

海底山脉除大洋中脊之外,还有火山海岭和断裂海岭。火山海岭是由海底排列成行的火山链构成的山岭。火山喷发物长期堆叠,可露出海面成为突出立于海面之上的火山锥体。断裂海岭是由大规模海底断裂形成的海底山脉,具断块山的特点,一般走向挺直,绵延较远,以东印度洋海岭最为典型。

探秘天下

布满了蟾蜍一样的疙瘩，上面还长满了尖刺，样子非常恐怖；科学家们还在一片珊瑚礁下发现了一条鳗鱼，样子像传说中的巫师，人们将其命名为巫师鳗鱼；科考队员们甚至还发现了一只正在蜕壳的海蜘蛛……

戴维森海山形成的原因和过程，成为地质学家们关心的问题。虽然地质学家已经估计出了戴维森海山大约形成于1200万年前，但他们希望能更确切地追溯海山形成的年代和海底火山喷发的时间。专家们希望能借助这些海底古生物解开这些谜团。

大洋中脊

大洋中脊又称中隆或中央海岭，它贯穿整个世界大洋，是地球上最长、最宽的环球性洋中山系。

中国孩子最想知道的
海洋悬疑

神秘的"美人鱼"

　　安徒生童话里的那个小美人鱼给人们留下了深刻的印象。据记载,人鱼多是上半身为美丽女子,长发飘飘非常美丽,但其下身却长满鳞片并有鱼尾。民间传说人鱼是对出海人的诅咒,她们用美丽的歌声来引诱水手。那么,海洋中真的有"美人鱼"吗?

丹麦的象征

　　1913年,嘉士伯公司创始人的儿子卡尔·雅可布森为了纪念丹麦著名童话作家安徒生,建造了一座高度仅为1.5米的"小美人鱼"铜像。自从它落户丹麦首都哥本哈根的海港后,现已经成为丹麦的象征。

探秘天下

美人鱼雕像

在丹麦哥本哈根长堤公园中有着以安徒生童话《美人鱼》形象为原型的小美人鱼青铜塑像。

中国孩子最想知道的
海洋悬疑

"人鱼"生物研究家普利尼在其《自然历史》中写道:"至于美人鱼,也叫尼厄丽德,这并非信口雌黄……它们是真实的,它们的身体粗糙、遍体有鳞。"

115

探秘天下

科学家们欲找寻到揭开谜团的钥匙，机会来了——一个3000年前的美人鱼的木乃伊被发现了。一队建筑工人在索契城外的黑海岸边附近一个放置宝物的坟墓里，发现了这一古尸。这个消息是由俄罗斯考古学家耶里米亚博士透露的。这具木乃伊看起来像一个美丽的黑皮肤公主，下身是一条鱼尾。美人鱼公主从头顶到带鳞的尾巴，全长173厘米。这个美人鱼死时大概已有100岁了。

中国孩子最想知道的
海洋悬疑

探秘天下

新加坡一家报社刊登《南斯拉夫海岸发现1.2万年前美人鱼化石》的报道称：科学家最近发掘到世界首具完整的美人鱼化石，证实了这种神奇的生物的确存在过。化石保存得很完整，能够清楚看到这种生物有锋利的牙齿和强壮的双颌。

海豚救人之谜

海豚是一种很聪明的动物,人类之所以喜欢海豚不仅仅是因为它的聪明,还因为它的"善良",海豚常常会去救助在水中遇到危险的人。对于海豚的这一"壮举",科学家们进行了深入的探索,但一直没有找到令人满意的答案。

海豚简介

海豚属于哺乳纲、鲸目、齿鲸亚目、海豚科,通称为海豚,是一种体形较小的鲸类,共有约62种,广泛分布于世界各大洋。其体长为1.2~10米,体重23~225千克。海豚嘴部一般是尖的,上下颌各有约101颗尖细的牙齿,主要以小鱼、乌贼、虾、蟹为食。

探秘天下

　　海豚是已知生物中除了人类之外最聪明的物种，它是人类最可依赖的朋友。美国佛罗里达州一位律师的妻子在 1949 年的《自然史》杂志上披露了自己在海上被救的经历：她在一个海滨浴场游泳时，突然陷入水下暗流中，一排排汹涌的海浪向她袭来。就在她即将被淹没的一刹那，一只海豚飞快地游来，用它尖尖的喙部猛地推了她一下，接着又是几下，一直将其推至浅水安全区为止。这位女子清醒过来后想找一下自己的"救命恩人"，结果发现海滩上空无一人，只有一只海豚在离岸不远的水中嬉戏，原来是海豚救了她的性命。

海豚为什么要救人？有人说，海豚救人的美德来源于海豚对其子女的"照料天性"。海豚是用肺呼吸的哺乳动物，需要把头露出海面呼吸，否则会窒息而死。所以它常常把自己刚出生不久的幼仔托出水面，或者抬起生病或负伤的同伴，让其呼吸。海豚的这种"照料天性"不但适用于同类间的互相救助，也适用于其他生物，甚至是无生命的大洋漂浮物。也有人认为，海豚救人源于海豚的智商很高，它的大脑非常发达，与人类的大脑有许多相似之处，正因为如此，使它们将人类当作了自己的同伴。它们在水中遇到人类时，很可能把人类当作自己的朋友，而类似人类见义勇为的潜在本性也开始发挥作用，所以它们会拯救人类的生命。海豚有时甚至为了保护人类不惜与鲨鱼角斗。

海豚作为水中的精灵，它们最喜爱的就是在水中嬉戏。因此，被它们碰上的东西都成了它们的玩具。海豚为什么会把人推向岸边，而不是将人当作玩具那样一直在水中戏弄呢？有人就此提出了新的观点，认为海豚救人与海豚的嬉戏习性有关。海豚酷爱在深水区和浅水区转换游玩。人在深水区落水，正好碰上一群向浅水区转换游玩的海豚时，它们就会把人当作玩具而将人推到浅水区，或把落水者推到岸边。

海洋巨蟒之谜

神秘而奇幻的海底世界蕴藏着许多未知的精彩。那里不仅是水生动植物的天堂,同时也是庞大怪兽的生存空间。传说中的海洋巨蟒就生活在这幽深的环境中,而巨蟒的出现更为神奇的海洋蒙上了一层恐怖的面纱。

差异

由于人们还没抓到海洋巨蟒,所以海洋巨蟒与陆地巨蟒究竟存在着什么差异,人们尚不知晓。

探秘天下

　　1851年一天早上,南太平洋马克萨斯群岛附近正行驶着美国的捕鲸船"莫依伽海拉号"。

　　"天呀,那是什么东西?瞧……"

　　"不是鲸!是怪物啊!"

　　瞭望的海员在桅杆上大声惊呼起来。船长希巴里听到海员的喊声急忙奔上甲板,举起了望远镜:"唔,那是海里的怪兽!快抓住它!向它靠拢!"

　　随后,船上放下三艘小艇,船长亲自乘上小艇,拿着武器,朝怪兽疾驶而去。

　　这条大洋巨蟒身长足有31米,颈部粗5.7米,身体最粗部分达10米。头呈扁平状,有皱褶;尖尾巴,背部为黑色,腹部呈暗褐色,它像一条巨型游艇一般在水中搅动着。"抓住它!"当小艇摇摇晃晃地靠近巨蟒时,船长声嘶力竭地喊了起来。几艘小艇上

同名童话

　　1871年,丹麦童话大师安徒生创作了一篇名为《海蟒》的童话。

的船员一起奋力举矛刺去。刹那间，巨蟒受伤，在大海里翻滚挣扎，激起了阵阵滔天巨浪。船员们与巨蟒进行了殊死搏斗。最后，巨蟒慢慢不动了，而后变得僵硬。

船长把海蟒的头部切下，撒下盐榨油，竟榨出10桶水一样透明的油！但是，这艘捕鲸船却在归途中遭遇海难，仅少数船员获救，向人们讲述了这个怪兽的故事。

在太平洋、大西洋、印度洋，甚至非洲附近的海上也有巨蟒的踪影。

1817年8月，曾在美国马萨诸塞州格洛斯特港的海面上目击海洋巨蟒的船长回忆说："当时像海洋巨蟒似的家伙正在离港口130米左右的地方游动。这个怪兽长40米，直径2米左右，它长着三角形的脑袋，在水中嬉戏着，一会儿钻入海底，一会儿又在

海蟒

海蟒是一种已灭绝的海洋蜥蜴。大部分海蟒都比隆脊蛇体形小些，但在这一亚目中也有着世界著名的沧龙，它是一个大块头，仅颚部就有3英尺长。这个种群后来在陆地上繁衍了下来，其现代成员包括巨蜥、印尼巨蜥等。

探秘天下

海面上漂浮。"

木匠玛休·伽夫涅、达尼埃尔·伽夫涅兄弟俩和奥嘎斯金·维巴三人同乘一艘小艇去垂钓时,也遇到了巨蟒。玛休还在距其20米左右处用步枪瞄准它开了枪。他说道:"我在距怪兽20米左右的地方开了枪。我是瞄准了怪兽的头部开枪的,肯定命中了。怪兽就在我开枪的同时,朝我们这边游来,一靠近就潜下水去,钻过小艇,在30米远的地方重又出现。那只怪兽不像鱼类往下游,而像一块岩石似的沉下去,它的身体仿佛很重,我的枪可以发射重磅子弹,当时可以清楚地感到射中了目标。可是,海洋巨蟒却好像丝毫未受伤。那简直太令人恐惧了。"

英国巡洋舰"迪达尔斯"号的水兵们于1848年8月6日也目击了海洋巨蟒。他们在从印度返回英国的途中,在非洲南部好望角约500千米以西的海面上发现了传说中的海洋蟒怪。

类似事件还有:

1875年,一艘英国货船在洛克海角发现巨蟒。

1877年,一艘游艇在格洛斯特发现巨蟒,当时它正作回旋游弋。

1905年,汽船"波罗哈拉"号在巴西海湾航行时,发现巨蟒正与船只并驾齐驱,不一会儿巨蟒便在海中消失了。

1910年,在洛答里海角,一

海中怪兽

人们所遇到的海底巨蟒与传说中的海怪是否是同一种呢？这是一种变异的动物，还是一种依旧存活的远古生物？这所有的谜团都有待人们做进一步探究。

探秘天下

艘英国拖网船发现巨蟒，它正抬起镰刀状的头部朝船只袭来，洋面掀起了骇浪。

1936年，在哥斯达黎加海面上航行的定期班船上，有8名旅客和2名水手目击到巨蟒。

1948年，在肖路兹群岛海面上航行的游船，有4名游客发现了身长30余米的巨蟒。

巨蟒究竟是何类动物，还是一个谜。它是否会像人类发现空棘鱼一样重新被人类认识呢？

1938年12月，有人在非洲南部的东南海域捕获了空棘鱼。当时，世界上没有一个学者相信这一事实。因为空棘鱼在3亿年前生活在海中，约1亿年前数量逐渐减少，在7000万年前便完全销声匿迹了。1952～1955年，人们在同一海域又捕获了15条活空棘鱼，如今没有一个学者怀疑空棘鱼的存在。也许人类真正揭开海洋巨蟒之谜也已为期不远了。

纳米比亚鱼类集体"自杀"之谜

随着人类工农业的发展,海洋环境的破坏已越来越严重。海洋环境的恶化,使海洋生物正遭受灭顶之灾。许多鱼类为了逃离恶劣的海洋环境,便会冲出海洋,冲上海岸,造成鱼类集体"自杀"的现象。在纳米比亚海岸就发生了这种的惨剧。

其他动物自杀现象

除鱼类自杀外,世界上其他动物也有自杀现象,鲸类自杀现象便是其中之一。

探秘天下

沙滩鱼类自杀

在非洲南部纳米比亚的沿海地区，人们有时会看到一种奇特的景观：无数条海鱼突然纷纷跳到岸上，集体"自杀"。这种悲剧性的场面每隔几年就要上演一次。

科学家的困惑

纳米比亚海域是世界上四个最重要的幼鱼产地之一。这种鱼类集体"自杀"的现象主要发生在夏季。而此时正是北半球的冬季，北半球的鱼类会有一部分迁徙到这里来产卵，因此"自杀事件"严重威胁着沙丁鱼、无须鳕鱼、鲭鱼等海鱼的繁殖。此外，纳

动物集体自杀事件

在2011年新年前夕，5000多只燕八哥从阿肯色州毕比镇的空中坠亡。美国官员承认他们无法确认鸟死亡的原因。一周后，路易斯安那州也发现至少450只雀鸟尸体。经专家检查，这些鸟儿都是喙部和背部断裂，可能是不慎撞上电缆致死。在距离阿肯色州毕比镇以西160公里的地方，多达10万条死鱼和垂死的鱼散落于奥沙克附近32千米长的阿肯色河中。

米比亚沿海还是海豹的重要栖息地，鱼类的大量死亡也严重影响到海豹的生存。

鱼类集体"自杀"现象曾一度使鱼类学家们感到困惑。按理说，非洲不发达的工业不会造成太大污染，这些鱼类不应该是因污染而"自杀"。最近，科学家们终于揭开了这个谜底：纳米比亚海域充满了致命的毒气——硫化氢，在这里生活的鱼类因受不了毒气的熏染，便纷纷跳出水面"自杀"。

纳米比亚的海水中分布着大大小小的毒气团，它们是由溶解在水中的硫化氢构成的，遍布在大约有150千米长、几十千米宽的海域内。海中的鱼类，宁愿上岸自尽，也不愿意在毒气中身亡。在离岸较远的海域，成年鱼类往往还有机会逃脱，但是它们所产的卵和那些小鱼却难以幸免。

致命的毒气

那么,这一海域为什么会有大量的硫化氢呢?科学家们最近观察了一团约有几十米厚的毒气,发现它是由浮游在水中的产硫细菌组成的,而硫化氢就是这类产硫细菌的代谢产物。一般来说,硫化氢是处在海底,而不会浮于水中的,因为有另外一种硫化细菌存在,它们以海底沉积层中有机物腐烂时生成的硫化氢为养料,并且在纳米比亚海域的海底构成一片片几厘米厚的垫子。这些硫化细菌垫子的作用如同一个硫化氢转换器的开关,为了降解产硫细菌产生的硫化氢,它们需要硝酸盐;假如硫化细菌垫子周围的海水中不再含有硝酸盐,它们就会让那些有毒性的硫化氢气体穿过。随后,这些硫化氢聚集在垫子的上方,形成几米厚的硫化氢气层。

中国孩子最想知道的
海洋悬疑

自杀的原因

根据众多动物自杀事件,人们总结出动物集体自杀的主要原因是:自然原因,即由于缺少食物或自然产生的有毒物质所致;人为原因,即由人类造成的环境污染等方面的破坏所致。

神秘的"海底人类"

在地球生物漫长的演化史中,是否存在着另一种智慧生命呢?在过去很长一段时间里,人们的回答都是否定的。但进入20世纪以后,越来越多的迹象让人怀疑,也许地球上还存在着另一种神秘的智慧动物——"海底人"。

小人鱼传说

英国《太阳报》曾报道,在1962年发生过一起科学家活捉小人鱼的事件。苏联维诺葛雷德博士说:当时,一艘载有科学家和军事专家的探测船,在古巴外海捕获了一个能讲人语的小人鱼,其皮肤呈鳞状,有鳃,头似人,尾似鱼。小人鱼自称来自亚特兰蒂斯,还告诉研究人员几百万年前的亚特兰蒂斯大陆横跨非洲和南美,后来沉入海底……后来,这个小人鱼被送到秘密研究机构深入研究。

目击神秘人

1938年,在爱沙尼亚的朱明达海滩上,人们发现了一个"鸡胸、扁嘴、圆脑袋"的"蛤蟆人"。当它发现有人跟踪时,便迅速地跳进波罗的海,其速度非常快,人几乎看不见其双腿。1958年,美国国家海洋学会的罗坦博士使用水下照相机,在大西洋4000多米的海底,拍摄到了一些类似人但却不是人的足迹。

众说纷纭

人类起源于海洋,现代人类的许多习惯及器官明显地保留着这方面的痕迹,如喜食盐、会游泳、爱吃鱼等。而这些特征是陆上其他哺乳动物不具备的,所以大部分科学家认为海底人是史前人类的另一分支。

然而,也有少数科学家支持"外星人说",理由是这些生物的智慧和科技水平远远超过了人类。但是这种假设太离奇,并未得到多数科学家的认可。

美人鱼

美人鱼是否与人类有着亲缘关系,抑或她们是另一种生物,这些都是未知数。

探秘天下

失落的海洋文明

沧海桑田，在幽深的海洋中究竟隐藏了多少历史？广阔的海面时而平静，时而巨浪滔天。但却总有那么一条远古海洋之路若隐若现。中华民族这个有着悠久历史的民族在千里重洋上留有什么遗迹呢？

有段石锛

1959年，在我国山东泰安大汶口出土了一件新石器时代的文物，名为有段石锛。该石器长14厘米、宽4.3厘米、厚3.4厘米，其通体磨制光滑，顶面方平，背面呈弧形，有段，单面的刃比较锋利。

太平洋荒岛的"有段石锛"

19世纪20年代,人们在太平洋中的几个荒岛上发现了"有段石锛",这是人类进入新石器时代的一个重要标志,它可以说是远古人类的"现代化工具"。

1929年,浙江良渚发现了与太平洋岛屿上极为相似的"有段石锛"。远隔重洋的两地被相同的发现联系到了一起。难道中国的先民早在远古时代就已经对海洋进行探索?难道他们真的带着具有先进功能的石器到了太平洋诸岛和拉丁美洲西岸?

河姆渡人与殷人东渡

一些专家根据考古发现,河姆渡人至少在距今7000年前的远古时代就开始了漂洋过海的实践,并将石器制作、人工种稻及海洋捕捞等远古文明传播到海外。相传周武王伐纣灭商后,殷商遗民由西向东大逃亡。其中一部分人乘船渡海到了朝鲜半岛,在那里定居下来;另一部分继续随着海风和洋流漂浮,到达了美洲,并在墨西哥和秘鲁等地定居。

这一系列石破天惊的发现使得中华民族的远古海洋之路变得更加扑朔迷离。

远古蛤蜊长寿之谜新解

一种4500万年前生活在南极洲的蛤蜊寿命可长达120年,它们为什么会如此长寿呢?长寿的秘诀是什么?

有人认为：冷水环境里的蛤蜊新陈代谢较慢，因此寿命更长。而美国锡拉丘兹大学的科学家们却有不同的意见，他们研究的长寿蛤蜊化石是在南极洲一个岛屿的沉积物里发现的。这些沉积物形成于几千万年前，当时南极洲海域水温比现在高10℃左右，较为温暖。由于它们生活在暖水里，无法用新陈代谢缓慢来解释其长寿。研究人员接下来分析了蛤蜊壳中碳元素和氧元素同位素的含量，发现蛤蜊在冬季生长，在食物丰富的夏季反而不生长。他们理解为：这些远古蛤蜊可能在夏天忙于繁殖而暂不饮食，到冬天才进食。冬天食物匮乏，限制了蛤蜊摄入的热量，蛤蜊反而因为少食而长寿。

对远古蛤蜊的研究为寻找影响生物寿命的因素提供了新线索，人们或许可以从中受到启发。

天下第一鲜

蛤蜊肉鲜美无比，有着"天下第一鲜"、"百味之冠"的美誉。在江苏民间，还有"吃了蛤蜊肉，百味都失灵"的说法。蛤蜊肉营养丰富，有着高蛋白、高微量元素、高铁、高钙、少脂肪的特点。蛤蜊中比较著名的品种有花蛤、文蛤、西施舌等。

海洋中的神秘地带

海洋是那样神秘,充满了无数的危险,海难更是经常发生,尤其是在布满暗礁的浅海中。但除了这种危险的浅海区域之外,海洋中还有许多神秘的地带,船只一旦进入这些海域就会神秘失踪。百慕大就是一个令船员闻之色变的"魔鬼海域"。

鲜为人知的神秘地带

百慕大并不是唯一的海洋神秘地带,据资料显示,这样的"神秘地区"至少有7个,它们分别为:百慕大三角区、日本海域三角区、大西洋岛附近海域、太平洋夏威夷至美国大陆间的海域、葡萄牙沿海、非洲东南部海域以及哈特勒斯角。

探秘天下

　　至于到底是什么力量使得这些三角区如此神秘，迄今为止仍是一个谜。飞机、船只的失踪事件在接连不断地发生着。日本海域三角区在日本本州的南部和夏威夷之间，日本人把它称为"魔鬼海"。这个魔鬼海三角区，是从日本千叶县南端的野岛崎及向东1000余千米再与南部关岛的三点连线之间的区域。在这里，很多船舶和飞机也是突然消失得无影无踪。1980年12月底，一艘从美国洛杉矶起航至我国青岛的货船，在野岛崎以东1220千米处，即进入了日本魔鬼海域时，突然发出了"SOS"救援信号。不久，这艘挂着南斯拉夫旗帜、载重14 712吨、有船员35人的"多瑙河号"货船便神秘消失了。而仅仅在前一天夜里，与这艘货船失踪时间相隔不到9个小时，另一艘巨轮已在日本魔鬼海失踪，这艘从智利驶往日本名古屋的利比亚货船于野岛崎以南570千米处消失。在以上两艘货船分别失踪的5天和6天之后，即1981年1月初，有一艘希腊货轮也在野岛崎以东大约1300千米处，在连续发出呼救后莫名其妙地失踪了，船上的35名船员无一生还。

哈特勒斯角

哈特勒斯角位于美国北卡罗来纳州东岸大西洋上,其附近海面冬季多雾,夏季多飓风,船只航行困难。

对此现象人们也有许多的猜测:有人猜测是因为此海域洋流极其复杂,给驾驶带来了困难,而使船只、飞机失事;也有人猜测海底一定有巨大的磁铁矿,所以罗盘飞快地旋转而找不到方位。但这并没有可靠的证据。总的来看,此地船只失踪事件多发生在冬季,而每年冬季这里的水温和气温相差20℃,因此海上常产生上升的强气流,从而激起海面上的三角波。据说,此海域可能有高达20多米的巨浪,这对船只来说是非常大的威胁。

地中海的神秘三角区

被陆地环绕的地中海,一直被人们视为风平浪静的内海,谁知在这里居然也有个魔鬼三角区。它位于意大利本土的南端与西西里岛和科西嘉岛三座岛屿之间,这里叫泰伦尼亚海。

在这个三角区域里，曾有几十艘船只和飞机被不明不白地吞没：1980年6月某日上午8时，一架意大利班机准时从布朗起飞，目的地是西西里岛的巴勒莫城，航程所需时间预计为1小时45分钟。但当它飞行了37分钟时，机长向塔台报告自己的位置是在庞沙岛上空之后，就再也没有消息了。飞机失踪的原因无人知道，而机上的81名乘客和机组人员更无一人生还。

地中海

地中海西经直布罗陀海峡可通大西洋，东北经土耳其海峡接黑海，东南经苏伊士运河出红海达印度洋，是欧、亚、非三洲之间的重要航道，也是沟通大西洋、印度洋间的重要通道。沿岸重要海港有：直布罗陀、马赛、热那亚、那不勒斯、斯普利特、里耶卡、都拉斯、阿尔及尔、塞得港等。

探秘天下

更奇怪的是，在风平浪静的海上，一些船只会突然失踪，而且失踪事件还非常古怪。最近一次的失踪事件颇为蹊跷：两艘渔船在相互看得见的海上捕鱼，地点在庞沙岛西南偏西大约46海里处，一艘名叫"沙娜号"的渔船上有8名船员在紧张作业；而另一艘名叫"加萨奥比亚号"的渔船上则有11名船员，当时两艘渔船不仅能通话联系，且能看到对方船上的灯光。但黎明来临时，"加萨奥比亚号"却发现"沙娜号"不见了。起初他们以为它开走了，但这里的鱼如此之多，尚未作业完毕的"沙娜号"为什么要开走？为此，"加萨奥比亚号"船长向基地作了报告。3小时后，一架意大利海岸巡逻直升飞机飞到了这一海域。令人惊奇的是：这时不仅看不见"沙娜号"，就连不久前刚刚汇报"沙娜号"失踪的"加萨奥比亚号"也不见了，直升机仔细搜索了每一片海域，但始终未发现任何踪迹。

寒武纪生命"大爆炸"之谜

众所周知,地球上的生命繁衍经过了几亿年的漫长历程,在这漫长的时间里,地球生命从微小的单细胞进化为多细胞生物,进而出现各种各样的生命形式。可是,地球生命的演化却并非匀速进行的,在寒武纪时期经历了一次空前的生命"大爆炸",这到底是怎么回事呢?

中国孩子最想知道的
海洋悬疑

科学难题

寒武纪生命大爆发被称为古生物学和地质学上的一大悬案，自达尔文以来就一直困扰着学术界。

寒武纪

寒武纪可分为早寒武世、中寒武世和晚寒武世。这一时期的动物群以大量出现具有坚硬外壳的、门类众多的海生无脊椎动物为主要标志，形成生物史上的一次爆炸性的大发展。其中三叶虫最为常见，它也是划分寒武纪的重要依据。

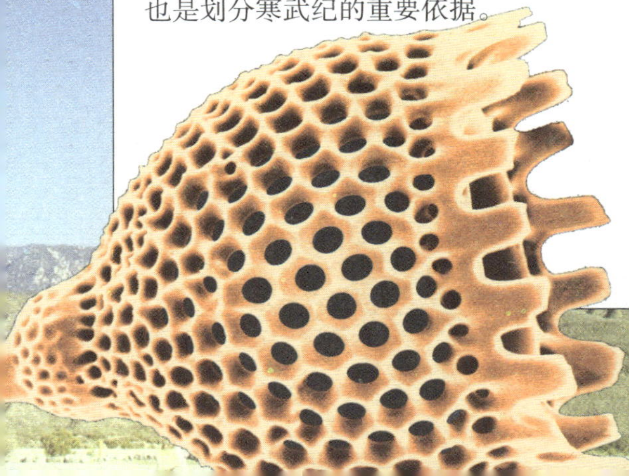

149

生命"大爆炸"

科学家在研究地球生物进化的过程中发现了一个有趣的现象：生命的大型化和多元化在5.4亿年前的寒武纪的地层里集中呈现，而且它们似乎是突然出现的，非常整齐地站在了进化的同一条起跑线上，而在寒武纪之前更为古老的地层中长期以来却找不到动物化石，这就是寒武纪生命"大爆炸"。这种生命"大爆炸"使得生物学家们感到困惑，因为动物的大型化和多元化来得十分突然，究竟是什么力量使微生物突然变成了大型的多细胞动物呢？

探秘天下

原因揭示

关于这一点科学家做出了一种看似可靠的解释。在天地初生的那一刻,氧气并没有像现在这样包裹着地球。而且,氧气是大气中最活跃的气体,它总是很快地和其他物质发生氧化反应,因此氧气只能是保持"流水作业"的方式,才能往复循环。如果地球上的植物现在停止制造氧气,那么地球上的氧气很快就会枯竭。正因为氧气的这种活性,它才能融入大型生命的体内,从而产生巨大的体能和高级神经的活动。那么氧气又是怎么来的呢?

研究表明,陆生植物制造氧气的历史非常短,只有几亿年,它们对地球氧气的贡献只是锦上添花,而真正从零起步制造氧气的,是寄居于海洋中的藻类,它们通过叶绿素细胞间复杂的分子运动,逐渐把海洋中的二氧化碳转换成了氧气。当时,地球上的氧气全部都是从藻类植物的绿色毛孔中分泌出来的。这种分泌持续了十几亿年,才让地球充满了自由氧。通过研究发现,大气层中的含氧量是随着年代的发展而逐渐增多的。这或许能够说明一些问题,寒武纪很可能就是一个收获氧气的时代,因为这个时候的氧气一定是生产大于消耗。当海洋充满氧气并持续稳定到一定的时间时,消耗氧气的大型动物才能没有后顾之忧地改变自己的形态,这样它们才可以充分地利用更好的能源。寒武纪生命"大爆炸"距现在大约已经有5亿年了,在这之后生命进化的效率是很高的。

当然,寒武纪的地层还隐藏着许多的秘密需要我们去思考,但是如果是某种现在还不知道的因素推迟生命"大爆炸"的启动,那么,我们的地球如今会是什么样子呢?

寒武纪植物

寒武纪时期的植物群以藻类为主,此外还有一些微古植物。

探秘天下

神奇的海豆芽之谜

海豆芽是海陆动物界最有研究价值的动物之一，被生物界称为"长寿星"，这一称号并不是空穴来风，此物种至今已有4.5亿年的生存历史了。

海豆芽呈壳舌形或长卵形，后缘尖缩，前缘平直，两壳凸度相似，大小近等，但腹壳略长，壳壁脆薄。就是这样简单的生物体，却有着十分强大的生命力，小小的海豆芽能够生存至今，其中存在着什么奥秘呢？

海豆芽的学名是舌形贝，舌形贝的体形很奇特，上部是椭圆形的贝体，如同一粒黄豆，下面是一个可以伸缩的、半透明的肉茎，就像一根刚长出来的豆芽，所以人们又叫它"海豆芽"。这种贝最初见于寒武纪，很可能起源于寒武纪以前。

海豆芽

俗名海豆芽又称舌形贝，它是世界上已发现的生物中历史最久的腕足类海洋生物，它们主要生活在温带和热带的海域。海豆芽是一种无铰小腕足类生物，其外形呈壳舌形或长卵形，外壳是由几丁质组成，壳壁脆薄，几丁质和磷灰质交互成层。海豆芽肉茎粗大且长，能在海底黏洞穴居住，肉茎可以在洞穴里自由伸缩。绝大部分时间在洞穴里，只靠外套膜上面三个管子和外界接触。

中国孩子最想知道的
海洋悬疑

　　海豆芽一生中绝大部分时间都是在洞穴中隐居，仅靠外套膜上方的三根管子与外界接触，用来呼吸空气和摄取食物。它的胆子很小，只在万无一失时，才小心翼翼地探出头来，一有风吹草动，便十分敏捷地躲进洞中，紧闭双壳，纹丝不动。海豆芽在不会移动而又无坚固外壳保护的情况下，运用这种穴居的方式进行自我保护，无疑使它在竞争极强的环境中得以成功地生存。

155

探秘天下

  一个物种从起源到灭绝，一般不超过 300 万年，而海豆芽却生存了 4.5 亿年，这是生物发展史上极为罕见的现象。大多数物种，在进化过程中总是由简单到复杂、由低级到高级，演化到一定程度后，不能适应变化了的环境，于是渐渐灭亡。但是海豆芽的形体及生活方式在漫长的历史中，居然没有发生显著的变化。它的存在不仅违背了生物进化论的原理，而且对生命物种的生存极限提出了全新的挑战。舌形贝属是世界上现存生物中最长寿的一个属，并且在物种进化方面没有任何突破。海豆芽的生存是生物界的传奇，挑战着世界生命物种的生存极限。是什么原因使它躲过了地球上几次大的生态劫难，这个谜底到现在也尚未被人类揭示。

舌形贝类

舌形贝中的小舌形贝属是寒武纪时期的化石,其外形和构造上都与现代海豆芽属类似;而鳞舌形贝的外形则不同于其他舌形贝类,其形态更像泪滴。

里海"怪兽"

有人说,里海海底存在一个庞大的"海洋人"家族,他们藏身于海洋深处,极少被人们发现。然而,里海沿岸的居民却发现了神秘"湖怪"的身影。

中国孩子最想知道的
海洋悬疑

海怪传说

自古以来,世界各国的渔夫和水手间就流传着可怕的海中巨怪的故事。在传说中,这些海怪往往体形巨大,形状怪异,甚至长着7个或9个头。

里海

里海位于欧洲和亚洲的交界处,属性为"海迹湖",虽然是世界上最大的湖泊,但是里海拥有和海洋一样或相似的生态系统。里海表面约低于海平面27米,其中靠近南面的海域的最大深度为1025米。

探秘天下

里海南部和西南部的沿海居民都声称在该地区发现了神秘的"湖怪"。

伊朗一家报纸根据阿塞拜疆拖捞船"巴库"号上的船员描述,对此事进行了详细报道,里海"怪兽"成为世人茶余饭后的谈论焦点。

"巴库"号船长戈发·盖斯诺夫向人们介绍了发现怪物的始末:"那个动物与船并行游动了很长一段时间。起初,我们认为它是一条大鱼,可是到后来,我们发现这个怪物的头上长有毛发,而且它的鳍看起来极为怪异,前身竟然长有两个手臂!"

盖斯诺夫的话引发了人们的纷纷议论,人们对他的话提出了异议。

但也有人对盖斯诺夫的观点表示支持。就在媒体公开了对盖斯诺夫的采访实录不久,这家伊朗报社就收到了不少读者来信和打来的电话。许多读者认为盖斯诺夫所说的并不荒谬,并声称他们也是目击者。

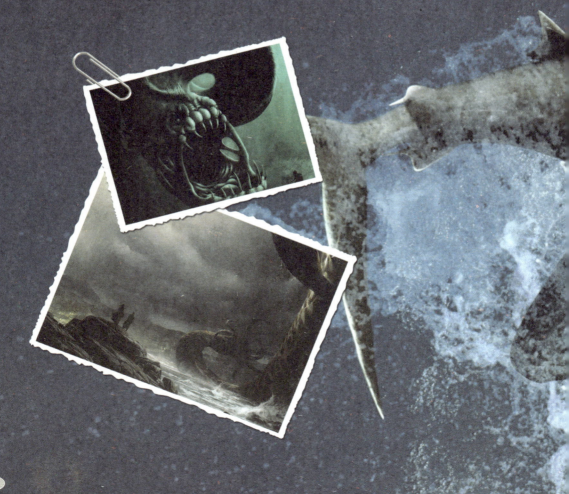

随着提供证据的人越来越多,终于引起了探险者和生物学家们的关注和兴趣。所有的目击者在对这个"海洋人形怪兽"进行描述时都说:它的身高在165~168厘米,体格健壮,腹部突出并呈桶状,有一对鳍足;它的手掌呈蹼状,每个手掌上有四个手指;它的皮肤呈月光色,头上的毛发为黑色和绿色;手臂和双腿与中等身材的人相比短而粗;它的上颌突出,下唇平滑地和颈部连为一体,没有下巴。

探秘天下

　　在伊朗,曾经流传过很多有关成群鱼类陪伴在这个"怪兽"身旁在海中遨游的故事,一些渔民甚至声称,在渔网中还能继续存活一段时间的鱼,能感觉到"怪兽"正从大海深处游上来。据说当这个"怪兽"靠近时,这些网中的鱼会发出"咕噜"声,而在平时,鱼儿根本不会发出此类声音。据说"怪兽"会发出相似的喉音,回应这些被捕获的鱼。此外,居住在位于阿斯特拉汗和连科兰之间村落的阿塞拜疆渔民也纷纷声称他们也发现了此类"怪兽"。

　　有人说,里海海底其实存在一个水下"海洋人"家族。过去他们身处海底,极少被人发现,可是现在里海污染严重,它们被逼出了"老巢"。

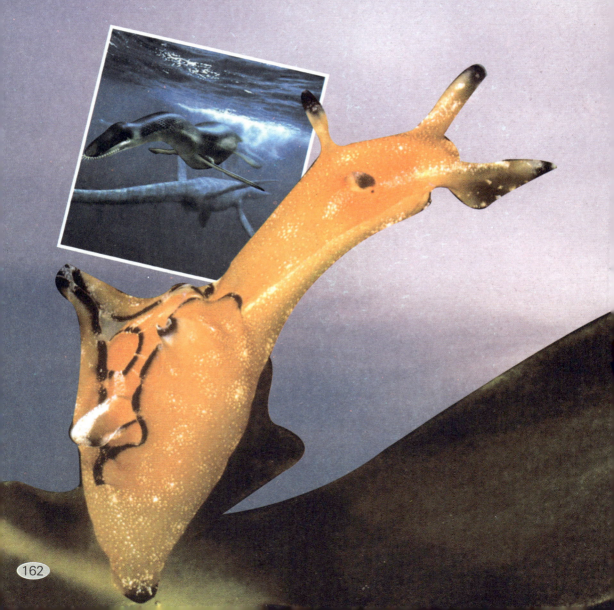

其实,这个里海"怪兽"并不是有资料记载的唯一一个水下"怪兽",连古希腊历史学家希罗多德和古希腊哲学家柏拉图都相信,原始人是一种两栖动物,他们可能曾建立了一个水下王国。

1905年,在圣彼得堡出版的一本题为《宇宙与人类》的科学文集中,记述了在加勒比海曾捕获到一个"海女"的故事。这本书还记载了1876年,在亚速尔群岛海岸,人们发现了被海水冲到岸上的"两栖人"的尸体。这类记载似乎印证了里海"怪兽"的存在。

探秘天下

里海"怪兽"真的存在吗?为此专家们做了一系列的分析工作。认为里海怪兽有三种可能,第一种,里海水域确有"怪兽"出没,但它可能并非科学家从未见过的怪物,只是因环境污染或其他原因诱发形成的某个畸形动物。从以往资料来看:如果里海中的"怪兽"数量有限,它们早就绝迹了;如果数量庞大,它们肯定会留下证明它们存在的蛛丝马迹,不被科学家发现的可能性很小。

其次，目击者看到的就是普通的鱼类或其他动物，但三人成虎，"怪兽"之说竟成"事实"。

也有人说里海里根本就没有什么"怪兽"，"怪兽"只是某些人出于个人目的编造出来的。因为迄今为止，那些目击者没有拍到过"怪兽"的照片，更不用说其他证据了。当地人或政府似乎看到"尼斯湖怪兽"产生了巨大旅游效益，也希望仿效一番，以推动当地落后的经济。

伊朗媒体已对里海两栖"怪兽"出没的传闻展开调查。国际科学界也对此提供了帮助，以便能揭开这个所谓"怪兽"的真实面目。可是，一些科学人士并不看好调查结果，因为要调查这类"怪兽"传闻，调查人员不得不面对地方保护主义。地方政府为了本地区的利益会设置重重障碍，以阻挠科学调查的实施，这种情况不无可能。也许，"怪兽"的存在将成为永远的谜。

夜间袭击

由于传说中的海怪大多在夜间袭击船只，所以鲜有人看清其形象。而水手们说它似乎是一种全身滑溜溜、带着很多油、像鳗鱼一样的东西。

探秘天下

龙虾"长征"之谜

一场飓风过后,成群的龙虾结队走向了深海。它们要去做什么?它们为何要这样做?它们的目的地是哪里?谜云密布,难以破解。

生活习性

龙虾分布于世界各大洲,品种繁多,一般栖息于温暖海域的近海海底或岸边。龙虾白天多栖息于水草、石隙等隐蔽物中,夜晚开始出来活动觅食。

龙虾是喜欢单独生活的，它们平时一个"虾"独自生活在暗礁或植物丛中，不与其他的龙虾接触。而且当冬天来临时，这些龙虾就不约而同地聚集在了大西洋沿岸的某些浅水沙滩上。它们是来开会的吗？

探秘天下

当冬天的第一号飓风袭来,海面上狂风大作,这时龙虾群便准备开始它们的秘密行动了。风暴过去之后,它们相互之间用长长的触须勾搭起来,如同一条铰链,向深海进发。它们保持队形,谁也不分离,一昼夜能前进 12 千米。平时很胆小的龙虾,此时却变得勇往直前了。一旦有大鱼群袭击,它们便紧紧地蜷缩在一起,形成螺旋形的阵势,用团体的力量对付来犯之敌。

这支队伍在海底越走越深,走向哪里,无人知晓,要去做什么,亦无人知道。它们还会再回来吗?一切的答案,都是未解之谜。

中国孩子最想知道的
海洋悬疑

寄居蟹与沙蚕共生的奥秘

寄居蟹喜欢把海螺壳当作自己的"房子",它不喜欢与别的房客一起分享自己的"房子",如果其他动物企图进入螺壳,它就会用自己的腿和螯将"敌人"死死地堵在门外。

但是,在寄居蟹的"住房"内,还有另一位"房客",那就是沙蚕。早在寄居蟹霸占海螺壳之前,沙蚕就已经住在里面了。寄居蟹赶走了别的"房客",唯独留下了沙蚕。它不但不会敌视沙蚕,还可以跟沙蚕和谐共处。为什么寄居蟹对沙蚕情有独钟呢?两者之间究竟是怎样的关系呢?这些,我们都一无所知。

生活习性

在众多的海洋生物中,寄居蟹的自我防护能力是很弱的。聪明的寄居蟹选择了海螺壳作为自己免受敌人袭击的庇护所。寄居蟹通过"武力"将海螺壳里原来的"房主"赶走,自己钻进壳内,成为新的"主人"。

鱼类趋光现象之谜

人类捕食鱼类的历史十分悠久。在长期的捕鱼活动中,渔民发现了鱼类的一种非同寻常的特性——趋光。每当夜幕降临,渔船上的点点灯火或做饭的炉火,就会吸引鱼儿成群结队地从远处游来。有些鱼儿甚至会跃出水面,跳上甲板。

经过长期的研究和观察，人们发现，不同的鱼对灯光的反应程度其实是不同的，相同的鱼对不同的光线反应也不一样。比如，当灯光亮起时，小鲱鱼会从很远的地方游来，有秩序地围绕着灯光按顺时针方向游动。如果灯光突然熄灭，它们就会顿时没了秩序，各自乱窜。鳗鱼的趋光行为是多种多样的，没有一定的规则，在灯光下，它们有时只是静静地游动，有时会上下乱窜，有时会在光照区集成一条宽带逆时针游动，表现不一。

鱼的视力

作为最古老的脊椎动物，鱼类早在大约5亿年前就已经出现了。鱼也是有视力的，但是与人类等陆地上的脊椎动物不同，鱼之所以能看到东西，是因为它们的晶状体可以前后改变位置，而不是改变形状。

探秘天下

鱼的趋光性是一个复杂的问题，我们目前知道的还很有限。已知的原因有：首先是光本身亮度的变化，其次是光的颜色的变化，再次则取决于鱼儿自身的发育程度及生理状态。要揭开真正的谜底，还需要人们继续努力。

海洋巨蜥之谜

　　澳大利亚的一支科学考察队，几年来连续在印度尼西亚的巴巴岛上进行古生物学考察。这是一个坐落在班达海上的渺无人烟的岛屿，每次考察都会有奇异的物种出现。1995年秋，考察队员在此发现了海洋巨蜥，从此，巨蜥在海洋中如何栖息便成为人们新的不能破解的谜。

探秘天下

发现过程

1995年秋,这支考察队的领队奥古斯托逊博士带领着队员在印尼的巴巴岛上寻找过去残留下来的动物化石,对近些年来的考察进行研究和总结。正在此时,突然有一个奇怪的物体向他们靠近,它的形状类似一艘潜艇,又好像是一艘大船,从远处的海面上快速地驶来,考察人员无所适从,也不敢靠近;但是出于对工作的责任,又不想躲避,这时他们能做的就是在原地观察这一切。它的速度越来越快,形状越来越突出,渐渐地,它靠近了,突然出现在人们的面前……这是一只巨蜥,它快速地游上岸边。古生物学家目测了一下,它大约有4米多高、15米长,庞大的绿色身躯并不影响其游动的速度,它十分灵敏地上了岸。考察人员望而却步,不

海洋巨蜥生活习性猜测

一般巨蜥有着昼夜均外出活动的习性,在清晨和傍晚的活动最为频繁,不知海洋巨蜥是否也有着这样的生活习性呢?

陆上蜥蜴王者

科莫多巨蜥是现存蜥蜴种类中最大的,其体长可达3米,重达约135千克,寿命可达100年。科莫多巨蜥动作迅速,偶尔会攻击人类,但其主要食物是动物腐肉。它们每天会出洞到几千米以外的地方觅食。

敢靠近巨蜥。巨蜥没有发现岛上有人,所以考察队员的动作幅度不敢过大,害怕引起巨蜥的注意,否则巨蜥一旦对他们发动进攻,后果将是不可预料的。对于这只不速之客,考察队员没有恐慌,而是在远处进行观察,这只巨蜥也将被列入他们的新的研究案例当中。

进食行为

当巨蜥爬上岸的时候,四处张望,似乎是在寻找什么,考察人员心情紧张,生怕被其发现,直到听见"喀喀"的声音,人们才松了一口气,原来巨蜥在"觅食"。只见它快速地向几棵大树爬去,它的牙齿很锋利,毫不费力地将树木咬断,将那些树木咬下不加咀嚼地吞了下去。饱餐之后,它找到了阳光充足的地方趴下,打起盹来。它的这种行为引起了考察人员的兴趣,他们很想对这只巨蜥深入研究,但是这只动物体形庞大,充满了危险性。即便巨蜥刚刚吃饱,考察队员也不想冒生命危

险去靠近它,他们理智地思考着如何才能着手对其进行了解。情急之下,急忙地为它拍了几张照片,随即快速转向山里的安全地带。

考察人员加快了行进的速度,尽管他们倍加小心,终究还是被巨蜥发现了。听到走路的声响,巨蜥突然醒来,大步流星地向考察人员爬来。他们心生恐惧,好在巨蜥不会爬山,在刚刚爬上山的时候,就滑了下去。大约过了5个小时,巨蜥才返回海中。随后考察人员乘考察船返回澳大利亚。

诸多谜团

回到大本营以后,考察人员对此事探讨了一番,只能确定,这只巨蜥是陆生动物,但是它在海上和陆地上都可以生存。但是谁也不知道后来那只巨蜥去往何处,考察人员再也没见过它的踪迹,也不知道它究竟活了多少年,更无法预知将来在某一个地方是否还能遇见这样的巨蜥。这一切都是未解之谜。

关于搏斗的猜想

巨蜥生性好斗,遇到危险时,常以强有力的尾巴做武器抽打对方,那海洋巨蜥在海中是如何搏斗的呢,也是用尾巴吗?

海水为何"粘"船

海水中含有多种元素，它们以一定的物理、化学形态存在，尤其是盐分占了相当大的比例，所以海水的浮力很大，船只可以在水面上行驶。除此之外，还发生过这样的事情：船只被海水"粘"住了，无论怎样提速或者改变行驶方向，都不能让船移动，这种奇怪的"粘"船现象以前一直困扰着人们。

常见形成地

在海岸附近，江河入海口处，由于江河中淡水的冲入，盐度和密度显著降低，它们的下面如果是密度大、盐度高的海水，就往往会形成"密度跃层"。

突发事件

1893年,挪威著名的探险家南森为了证实北冰洋里有一条向西流动经过北极再流到格陵兰岛东岸的海流,于是,他乘着"弗雷姆"号探险船,带领着船员在大海上从奥斯陆港出发前往北极。

南森满怀自信地指挥着行船的方向,当行驶到泰梅尔半岛沿岸时,船只突然不能动了,似乎被海水"粘"住了一样。顿时,船上一片混乱,怎么会出现这样的情况,船员们都很慌张,不知如何是好,以为遇到了什么海上的怪

密度跃层

海水的密度随着深度增加而变大,大约从1500米的深度开始,密度随深度的变化越来越小,到了最后,密度几乎不再随深度变化了。可是,有时候由于水温或盐度分布反常,海水的密度随深度增加而突然变大,人们把海水密度在竖直方向上突然变大的水层叫密度跃层。

探秘天下

兽。于是,南森安慰大家,让他们暂时冷静,保持良好的心态,他沉着冷静地到船的四周仔细观察环境。凭借多年的航海经验,他排除了"海怪"的说法。他细细观察海面,海上风平浪静,没有任何的涟漪,由于船只离岸边较远,也是不可能搁浅的,更不可能有触礁的情况。经过对这些现实情况的确认,南森放心了,船只不会遇到危险。转念一想:这会不会是传说中的"死水"?于是,他组织船员认真测量各种相关数据并且做好记录,其中包括船只的行驶方向和行驶速度、海面的景象以及附近海水的深度和密度、周围海水的状态等等。船只一直处于静止状态,只是附近的海水有些

奇怪,靠近船只海面的海水上层是较浅的淡水,淡水下面才是咸咸的海水,这也就是说船周边的海水是分层的。

船员们紧张地测量数据,并且冷静地整理着结果。南森不仅要参与其中,还要做好监督工作。一切进展顺利,正当南森要做出定论的时候,海上突然刮起了大风,"弗雷姆"号的船帆鼓了起来,迎风飘动,船只随着大风吹来的方向开始缓缓移动,渐渐地脱离了"死水"区域。

探秘天下

深入研究

　　三年之后，南森终于结束了这次探险，之后他与海洋学家埃克曼一同研究海水"粘"船的现象。在研究的过程当中，南森准确地提供了当时记录的数据，并详细讲述了当时遭遇的情景，他将整个过程都进行了详细的叙述，以便埃克曼能精准地对此作出新的论断。南森将海水分层的现象告诉了埃克曼，两个人经过探究得出结论：这是类似于"冲淡水"现象。但是"弗雷姆号"当时遇到的情况不同于海岸附近的"冲淡水"，而是因为夏季的到来，寒冷地区海上的浮冰融化了，含盐低的水层浮动到高盐、高密度的海水之上，从而形成了"密度跃层"。船只进入此区域，它的吃水深度与上层水厚度恰好相等时，螺旋桨的搅动就会在"密度跃层"上产生与船航行方向相反的内波。如果船只的航行速度较低，那么巨大的内波阻力就会迫使船只减速，甚至会停止前行。这时候，船只就像是被海水"粘"住或者被海上的某种神秘力量吸引了一样，寸步难行。这就是海水"粘"船现象。

　　随着航海技术的迅速发展，舰船速度大大超过可能产生的内波速度，所以，在此以后几乎不可能再发生海水"粘"船的状况了，这将成为历史。

"粘"住船的原因

　　在遇到密度跃层时，一旦上层水的厚度等于船只的吃水深度时，如果船的航速比较低，船的螺旋桨的搅动就会在密度跃层上产生内波，内波的运动方向同船航行方向相反，船的阻力就会迅速增加，船速就会减低下来，船就像被海水"粘"住似的寸步难行。